U0190138

青岛人
帆船魂

QING DAO REN FAN CHUAN HUN

青岛市帆船帆板（艇）运动协会
青岛航海文化研究会　编

中国海洋大学出版社
CHINA OCEAN UNIVERSITY PRESS

图书在版编目（ＣＩＰ）数据

青岛人 帆船魂 / 青岛市帆船帆板（艇）运动协会，
青岛航海文化研究会编 . -- 青岛：中国海洋大学出版社，
2021.6

ISBN 978-7-5670-2854-8

Ⅰ . ①青… Ⅱ . ①青… ②青… Ⅲ . ①帆船运动 - 青
岛 - 文集 Ⅳ . ① G861.4-53

中国版本图书馆 CIP 数据核字 (2021) 第 116406 号

出版发行	中国海洋大学出版社			
社　　址	青岛市香港东路23号		邮政编码	266071
出 版 人	杨立敏			
网　　址	http://pub.ouc.edu.cn			
电子信箱	752638340@qq.com			
订购电话	0532-82032573（传真）			
责任编辑	邵成军　林婷婷		电　　话	0532-85901092
印　　制	青岛中苑金融安全印刷有限公司			
统筹策划	双福文化			
排版设计	双福文化			
版　　次	2021年6月第1版			
印　　次	2021年6月第1次印刷			
成品尺寸	170mm × 240mm			
印　　张	22.00			
字　　数	264千			
印　　数	1～1500			
定　　价	58.00元			

发现印装质量问题，请致电 0532-85662115，由印刷厂负责调换。

编 委 会

激情扬帆

　　海，注定是我永恒的情缘。

　　我生在青岛，长在青岛，家离着大海咫尺之遥。在娘胎里的时候，我就开始倾听着大海潮起潮落的节奏，从蹒跚学步到牙牙学语，从校园读书到社会历练，生命的律动无不彰显着海的色彩。

　　职业生涯，风风雨雨。每一步的成长无不受益于大海的深厚滋养，它培养和赋予了我坚韧的性格，百折不挠的勇气。40年的职业生涯，时有波折与困顿，但我从不后悔自己的执着追求。今天的岛城市民乃至国内外宾朋对青岛国际啤酒节有一种特别的钟情，我更是如此，因为她的孕育倾注了我而立与不惑之年的艰苦奉献。如果说青岛国际啤酒节的诞生是我职业生涯的精彩记录，那么20世纪初借助2008奥运会帆船比赛推广普及帆船运动，为青岛打造"帆船之都"城市品牌则是我全身心投入工作的又一巅峰时刻，或者说大海的魂魄再一次给了我乘风破浪的勇气和探索未知的强大动力。

　　有海才有船，有船才有帆。百余年前青岛城市肇始，帆船运动便应运而生。但其浓墨重彩的辉煌却是在新中国成立之后，尤其是在青岛成功举办2008奥运会帆船比赛后的荣光岁月。往事并不如烟，于我而言历历在目。过往人生的每一次经历积累起得心应手的特殊资源。无论是从事人民团体工作的履历，还是主管政府旅游部门的经历，都赋予了我担当青岛帆船运动发展重任的优势，为青岛打造"帆船之都"这张城市名片积聚起推波助澜的强大力量。

　　熟悉我的同事和朋友都知道，我性格直爽、作风硬朗，对待事业心底永远燃烧着一团浓烈的火，工作上追求极致完美。国际奥委会有句名言："一旦成为奥运城市，永远都是奥运城市。"为传承奥运精神，为青岛搭建永久性国际帆船运动合作交流平台，2009年青岛国际帆船周和2010年8月全球首届奥帆城市市长暨国际帆船运动高峰论坛相继应运而生。在短短的几年时间里又相继引入了沃尔沃环球帆船赛、国际极限帆船赛、世界杯帆船赛，并于2009年正式签约了克利伯环球帆船赛，成为克利伯环球帆船赛城市赞助商。青岛囊括了世界上各种类型的国际顶级帆船大赛，后奥运时代，为青岛"帆船之都"走向世界再次书写辉煌……但是，令我自豪的不仅是这些，更让我感怀和看重的是那些扎根基层、走向普通市民家庭的"帆船运动进校园""欢迎来航海"等帆船普及推广活动。2006年体育与教育部门面向全市大中小学校推出"帆船运动进校园"活动，众多企业慷慨解囊，为青少年帆船普及购置了一千条OP级帆船及设备，使得岛城数万风华正茂的孩子们从帆船运动的推广中得到实实在在的满足感与幸福感，也为青岛帆船运动的未来播撒下种子，青岛因此获得了国家体育总局水上运动管理中心和中国帆船帆板运动协会授予的"全国青少年帆船运动推广普及示范城市"称号。几乎没有人看到我掉过眼泪，但当我亲眼看着奥帆基地海面上白帆点点的训练场景，看着那些来自普通家庭的孩子们在大海中享受着帆船运动带来的快乐，看到在奥帆基地码头上那些爷爷奶奶爸爸妈妈为驾驶帆船训练的孩子们加油呐喊、欢呼雀跃时，我眼里含着激动的泪水，心里充满了甜蜜；看到那些冒着酷暑辛苦在一线的教练员、体育教师，更有感动在我心底久久激荡，就像我小时候在大海中玩耍嬉戏一样幸福。

为了结集出版《青岛人 帆船魂》，我伏案凝思，脑海中浮现出一幕幕刻骨铭心的青岛籍或在青岛工作多年的帆船英雄——向海而生的郭川、不为彼岸只为海的巾帼豪杰宋坤、永不言败的独臂船长徐京坤，还有致力于推广中国帆船运动发展的张小冬主席、见证中国帆船从无到有的王立教练、青岛第一个中国奥委会委员代志强、申办奥运会帆船赛的功臣王志敏老人、沃尔沃环球帆船赛职业运动员刘学、克利伯环球帆船赛"青岛"号参赛的中国籍船员，等等。更重要的是，这本书里还集结了来自各行各业的普通人，"帆船运动进校园"的推动者、管理者和实践者，帆船运动发展的传承者。他们背负着岛城人民的不息追求，承载着几代人的美好梦想，用青春和热血，用生命和灵魂，谱写了一曲曲激动人心的航海壮举，由此铸就了帆船人"扬帆起航、探索未知、搏击风浪、追求梦想"的帆船之魂。

《青岛人 帆船魂》因海而生、为帆而作、由魂而成。

这本书既写了帆船健儿的壮丽人生，也记载了普通市民在参与帆船运动发展中的点点滴滴。书中文章采用了第一人称，资料翔实。每一位作者的点滴记述就像是深情的朵朵浪花汇成生动的蓝色波涛，激荡在青岛人的帆船魂中，焕发并洋溢着似火的澎湃热情，不断给美丽的青岛增添开放时尚的城市新活力！读者会从中感受到2008北京奥运会结束后，后奥运时代的青岛是怎样一步步将帆船运动渐渐融入城市生活中，又是如何传承奥运精神并将其发扬光大的。

书史明鉴，学史明理。很荣幸，我能以个人的名义为这本《青岛人 帆船魂》执笔开篇之言。

在此，我还要再特别地向推动青岛帆船运动发展的各级领导，始终关怀、激励我成长发展的师长和朋友，社会各界热心人士以及每一位积极参与者致以最崇高的敬意！并真诚地向出版编辑人员、本书的作者们和给予该书帮助的部门和人员表示深深的谢意。

帆，必定是我永远的情结。因为我是《青岛人 帆船魂》的一员。

大海作证，帆船作证。

林志伟

二〇二一年七月

目 录

青岛人与帆船魂

祝在时

青岛，是一座因海而兴的近现代城市。但在成为港口城市与现代商埠之前，此地早就拥有悠久的航海历史文化。有史料记载的徐福东渡，比西班牙女王伊莎贝拉一世资助哥伦布横渡大西洋还要早1700余年。虽然，当时的航海文化，与本文要讲的现代帆船运动还有相当大的距离。

这次，青岛市帆船帆板（艇）运动协会、青岛航海文化研究会等单位联合编撰《青岛人　帆船魂》一书，作为对第16个"中国航海日"的纪念，并邀我围绕青岛帆船运动写篇"史话"。

"中国航海日"是我国政府于2005年7月11日为纪念郑和下西洋600周年而确立的法定纪念日。1405年7月11日，郑和率领载有27000余名壮士的200多艘巨船，开始了七下西洋的史诗般的航程。此后28年间，这支船队远涉重洋，航迹遍及30多个国家和地区。

拂去600余年的历史烟云，重新审视当年这支庞大船队在洪涛接天、巨浪如山的大海中"云帆高张、昼夜星驰"的壮举，依然令人感叹和自豪。在编撰此书和撰写此文的过程中，我感受到了青岛帆船人的海权意识。

我开始比较认真地研究青岛的航海与帆船文化，是在十四五年前。彼时，伴随着北京申奥成功，青岛市申办北京奥运会帆船比赛成功，奥帆赛脚步的不断临近，岛城上下正在形成一种与日俱增的关注热度。当时，青岛市体育总会联合相关部门发文，在全市大中小学校开展"千帆竞发2008"活动，作为这一重大赛事的造势活动，同时也是青岛市借助奥帆东风打造"帆船之都"城市品牌的基础工程。另一方面，刚刚接任市政协文史委主任的我，也正在思考政协文史工作如何"转轨变型"，更好地为当地经济社会文化发展服务。于是，经请示政协党组同意，我决定将挖掘帆船运动史料、填补航海文化空白、服务奥运帆船比赛作为当时青岛政协文史工作的阶段性任务和工作着力点。

目标一旦确定，马上付诸行动。在市档案局、国家体育总局青岛航校以及市体育总会等相关单位的大力支持下，迅速调动各方力量，汇集各种信息，征集相关史料，终于，一部图文并茂、填补文史空白的《青岛帆船运动百年史话》赶在第29届奥运会帆船比赛之前问世，成为这届奥帆赛的献礼之作，也为青岛奥帆赛增添了一抹"人文"亮色。

《青岛帆船运动百年史话》通过翔实的资料，向人们展示了帆船运动在我国从无到有、由弱到强的发展脉络，以及青岛作为我国最早开展现代帆船航海运动"摇篮"和作为国家航海帆船队伍"黄埔军校"的众多细节，为成功举办一届"高水平、有特色"的奥帆赛贡献了青岛独特的历史文化。时任全国政协副主席的孙家正欣然命笔，为该书专门题写了"青岛是中国帆船运动的摇篮"的题词。我也在主编这部"帆船史话"的过程中，不断接触王立、陈恂、王志敏、张小冬等一代又一代帆船人和时任航海运动学校校长的李瑞林等，愈来愈深切地感受到青岛这座城市与帆船运动的历史渊源，感受到青岛人民热爱大海和航海运动的绵绵情愫，感受到青岛帆船人对帆船运动的那份热爱。

奥帆赛事在青岛画上了圆满的句号，但青岛打造"帆船之都"的脚步并未停歇，青岛航海人因历史和赛事而形成的帆船情结愈发强烈，青岛帆船人将帆船梦与祖国和民族复兴梦想更加紧密地结合在了一起。而我在这之后，也更多地参与了一些帆船界的活动，对青岛这座城市与帆船运动密不可分的缘分有了更多的了解。

一、帆樯林立的古青岛

青岛位处山东半岛南部海岸线之中间地带，在蜿蜒曲折的海岸线上，有着许多中小型半岛、岬角构成的大小海湾，如琅琊湾、灵山湾、唐岛湾、胶州湾、崂山湾、鳌山湾，故民国《胶澳志》评价青岛地区是"航海者的福星"；清代乾隆时期《灵山卫志》对青岛的描述更为具体："西北众山环抱，东南大海旋绕。灵岛屏列于前，长城带围于后。左二劳，右大珠，山盘路曲，无异鸟道羊场。控淮口，逼莺游，洪激水深，可比龙门积石。通江淮之运道，舳舻直接幽燕；联吴越之战舰，片帆可达化外。虽仅海上孤城，实为边疆要地。"

从历史上看，青岛及其所在的山东半岛，曾是东夷海洋文明的故乡。考古学家在即墨北阡发现的遗迹显示，生活在这片土地上的先民与海洋的互动，可以上溯至距今7000年的远古时期。青岛沿海地区是我国最早从事航海活动的地区之一，位于今青岛地区的琅琊郡，曾是见诸史载的最早的海港，春秋战国时期，今日之琅琊湾畔就已成为齐国人口聚居、经济发达的"东方大邑"。战国七雄之一的越国国王勾践在卧薪尝胆灭吴复国之后，为北上与齐争雄，还曾迁都于此地。

位于今青岛西海岸的琅琊港作为中国历史记载最早的重要港口，在先秦及秦汉时期的政治、经济和文化发展中曾发挥过重要作用。秦始皇为了追求长生不老，多次派方士出海，徐福东渡的扬帆起航地就在琅琊港。比玄奘还要早200余年的"西行取经回国第一人"东晋大德法显，回归东土的登陆地就在崂山；也就是说，早在1600多年前，法显大师就完成了陆往海归的壮举，几乎凭一己之力勾画出了"海上丝绸之路"的路线图。

到了宋代，胶州地区达到空前繁盛。当时朝廷在全国设有五个通商口岸及管理机构，长江以北唯一一处就在胶州板桥镇。这个称作"市舶司"的机构，大约兼有现在海关和商检部门的职能。唐宋金时期，板桥镇和大珠山一代分布有好几个口岸，这些口岸可以说是东方海上丝绸之路的原点。一批又一批载有"遣唐使""遣宋使"的日韩船只和满载货物的风动力商船，源源不断地抵达板桥镇和崂山、大珠山脚下的各个口岸；唐宋两朝的使船和商船，也不断从板桥镇等港口扬帆东渡。

及至清代，重修于明成化年间建造的青岛口天后宫时，在其碑刻上记载了这里"宏舸连舳，巨舰接舻"，客商云集、人来物往的港埠盛景。

航海文化还包括海洋军事文化。青岛是我国著名军港，也是我国第一艘航母辽宁舰的母港。古代在青岛近海海面上还发生过两起非常有影响的大海战。一次是发生在春秋战国时期的我国历史上最早的大规模海战——齐吴海战，另一次是世界上最早使用火器的宋金海战。

以上这些，只是简单介绍一下青岛之所以成为航海与帆船城市的历史源头。依仗着海口密布、港埠林立的优势，青岛先民形成了"靠海吃海""向海而生"的传统和不屈不挠、勇于搏击的韧劲和精神，也为以郭川为代表的青岛航海人的出现提供了丰厚的历史基础和文化积淀。

二、现代帆船运动结缘青岛

现代帆船作为一项休闲体育运动引入青岛始于德占时期。根据青岛档案馆馆藏资料记载，最早的一场帆船比赛，是1904年在当时的维多利亚湾也就是今天的汇泉湾举行的。

19世纪末德国强租青岛之后，极力想把青岛建成德国在远东的自由港和超越香港的"模范"殖民地，以向世界夸耀德国作为"新兴"大国的能力。

随着德国侨民的大量涌入，德占当局十分注重体育设施建设，大力提倡和鼓励各项体育活动，现代帆船运动就是在这种背景下引入青岛的。据记载，1904年春，德国皇家帆船俱乐部在青岛维多利亚湾（今汇泉海水浴场）举办了首次海上帆船比赛，继而又成立了亚洲第一个帆船俱乐部。青岛的帆船运动由此启航。此后的岁月中，点点白帆翩翩飘荡在青岛广袤的海面上，成为一道别致的城市风景线。当然，这一时期的帆船运动，只在西方侨民中流行，而鲜见华人身影。

1914年，青岛又被觊觎已久的日本借口向德国宣战而强占，一度热闹非凡的帆船运动陷于短暂沉寂。但因英国"一战"

时期系日本同盟国，"一战"结束后英国在青侨民数量不断增多，不久帆船运动复又活跃。1920年，在青英侨发起成立了青岛帆船俱乐部，会长由当时英国驻青岛领事阿弗莱克担任；但无论是俱乐部规模还是组织的几次帆船活动，均较德占时期逊色不少。

20世纪30年代，青岛被国民政府列为行政院直辖的"特别市"之一，经济、社会得到快速发展，对外贸易繁盛，欧美资本和外交、文化、宗教、教育人员以及外国侨民大量涌入，西方生活休闲方式与之俱来；再加其时青岛当局重视发展体育，一时间外侨和国人共襄其事，形成了当时青岛体育繁盛的状况，青岛的帆船运动也获得了很好的发展。1935年，一位名叫霍梅可夫的白俄侨民，以"青岛风船俱乐部"的名义，在汇泉路5号置地购房，开建俱乐部和存放帆船的仓库，并逐渐形成了以汇泉湾东侧为中心码头和聚会场所的局面。据史料记载，霍梅可夫的俱乐部只需交纳20美元即可注册为会员，而对人种不做限制。因而这一时期的帆船运动参与者，也开始见到较多中国人的身影。

汇泉湾天然形胜、波平水阔，是水上运动的天然赛场，自开埠以来便成为青岛的体育和休闲中心，全年人气不断，夏天更是游人如织。1936年9月，青岛帆船俱乐部首次在此举办"市长杯"帆船竞赛，汇泉湾畔观者如潮，为一时之盛。之后便形成惯例，开始每年分春、夏、秋三个赛季，定期组织帆船比赛。据当时出版的《青岛画报》记载，青岛繁荣促进会还专门购买了游艇和帆船，停泊在汇泉湾和栈桥等处，供游人荡桨使帆，无形中也向国人普及了帆船知识。

抗日战争时期，虽然日本再次强占青岛，但因为日本在太平洋战争爆发前并未向英国宣战，所以青岛外侨的帆船活动非但未受影响，甚至在有的年份赛事密度还有大幅提升。

抗战胜利后，1949 年 2 月，帆船俱乐部才开始恢复各项工作。4 月新通过的俱乐部章程更关注俱乐部的日常管理以及各项功能的形成，而不是像战前那样单单是注重组织活动。这一时期的俱乐部成员，除了美、英、德等国侨民，还有很多苏联及部分东欧国家的侨民。恢复活动后的青岛帆船俱乐部，打破了战前仅限于夏季开放的惯例，改为全年开放，初期主要是每逢周末举行舞会、聚餐、酒会等社交活动。

很有意思的是，虽然时局动荡、战火纷燃，青岛地区也经历着政权的更迭，但青岛的帆船俱乐部的活动似乎并未受到多大影响。1949 年 6 月 2 日青岛解放，但是俱乐部照常组织活动，一场正式的帆船比赛于 6 月 19 日如期开始。整个 1949 年赛季，在汇泉湾共举行了 28 次正式比赛和 7 次非正式比赛。这些帆船活动，给城市和居民带来了些许轻松。

1950 年 7 月，青岛帆船俱乐部迁址太平角一路 27 号。1951 年，俱乐部正式停止活动并宣告解散。

总体说来，20 世纪前半叶，青岛帆船运动还处于一种休闲和社交活动的状态，但却通过"引进"为青岛注入了现代体育概念和基因，完成了从传统航海活动向现代帆船运动的转型。

三、基于全民备战背景下的航海运动与帆船运动的"黄埔军校"

与 20 世纪前半叶开展的休闲性帆船运动有很大不同，新中国开展的航海运动，一开始就被纳入军事体育的范畴，主要开展航海多项、航海模型、摩托艇和海军五项等项目。其中的驶帆项目，与后来我国逐步开展起来的帆船运动很是相似，为我们日后开展奥运帆船运动奠定了坚实基础、积累了宝贵经验。

当时面对复杂的国际形势，加强国防建设被放到国家建设的首要位置，体育运动也被赋予了浓郁的军事色彩，航海运动自是不能例外。

1952年6月，隶属中华体育总会领导的中央国防体育俱乐部在北京成立，重点试办群众性业余军事技术训练活动。但由于北京并不适合发展航海运动，1952年9月，中央国防体育俱乐部提出另寻合适地点建立航海俱乐部，青岛以其海防重要性和优越的海上运动条件首先进入决策层的视野。

1953年初，国防体育俱乐部相关负责人来青实地踏勘、选择活动场址。青岛市政府对此非常欢迎、全力支持，并派人陪同考察选址；经过对从团岛到山东头各个海湾、岬角、海水浴场的考察分析，最终将选址定在汇泉湾。1953年5月23日，青岛航海俱乐部在南海路3号正式成立；因为以军事体育为目的的航海项目主要面向青少年，遂以5月4日作为建部纪念日。

成立之初的青岛航海俱乐部直属中央国防体育俱乐部管理，国家体委成立后转归国家体委管理，同时受驻青海军指导，党务工作则由青岛市委分管。

青岛航海俱乐部成立后，按照中央国防体育俱乐部"三年准备、两年重点开展"的总方针，编制了航海运动五年计划（1953—1957），提出首先要在青岛进行试办，吸取工作经验、培养在职干部，逐步训练广州、上海、大连等地的专业干部，并指导各地建立航海俱乐部，从而把航海运动推广到全国。

当时的航海运动属于国防体育范畴，所开展的项目也带有深深的军事体育痕迹，主要开展航海多项、摩托艇、航海模型等项目。航海多项包括舢板荡桨、舢板三角绕标驶帆、荡桨使帆综合、游泳、攀登系艇杆、撇缆、手旗通讯等。其中三角绕标驶帆与国际上开展的帆船运动相类似，这为我国后来开展奥运帆船项目积累了经验、奠定了基础，也为青岛培养了第一代航海人，并为其注入了更多的勇于拼搏的精神。

1953年秋，俱乐部举办了首期舢板师资培训班，此后每年都利用暑假和业余时间举办针对学校、机关、工厂的航海训练活动，推动青岛的群众性航海运动迎来了首次高潮。

在青岛试办成功的基础上，航海俱乐部自1955年至1960年，开始面向全国举办了8期全国航海运动干部训练班，为20多个省市培养管理骨干和教练员700多名。这也是青岛航海俱乐部之所以被业内人士誉为国内航海界的"黄埔军校"和"中国帆船运动的摇篮"的原因。

青岛航海俱乐部还积极协助和指导全国沿海、沿江、沿河地区创建航海俱乐部，推动航海运动在全国各省市相继开展起来。1956年，首届国家航海运动队在青岛组建，由青岛航海俱乐部负责国家航海运动队的训练和参赛组织工作，1956至1958年连续三年参加国际航海运动竞赛，分获四、三、二名，名次逐年提升，并夺得多个单项冠军。

1957年夏天，青岛航海俱乐部改称"中国人民航海俱乐部"（简称"中航俱乐部"），下放山东省体委管理，并于当年迁入位于武昌路1号的新址。

大约也在这个时间，青岛市地方的群众性航海活动开始从中航俱乐部分离出来；1957年12月份，青岛市航海俱乐部在南海路4号成立，隶属于青岛市国防体育协会管理。1960年，中航俱乐部复归中央，省体委遂在烟台成立山东省航海俱乐部，1962年迁来青岛，与青岛市航海俱乐部合并为省体委直属事业单位。

20世纪五六十年代，在发展军事体育、为海军培养后备力量这一目标指引下，青岛的群众性航海运动热情空前高涨。前海一线尤其是汇泉湾畔，时时可见人们泛舟荡桨、帆影翩翩的胜景。1968年，国务院、中央军委对国家体育系统实行军事接管；同年，中航俱乐部撤销，房屋、场地、设备都由海军北海舰队接管。

不管名称怎么叫，中航俱乐部作为全国首个航海运动基地，迄今也是唯一一个国家级航海运动机构。从初期的军事航海项目，到后来的帆船、帆板运动，都是先在青岛培训专业教练和管理干部，再由青岛向全国推广普及，因此，青岛是公认的全国航海运动和帆船运动的发源地，一直被业内人士誉为航海与帆船运动的"黄埔军校"。

在收集这一年代航海运动史料的过程中，笔者被创业者们的奉献精神深深打动。在位于济南的山东省体育局的一栋宿舍楼里，新中国第一代航海人、青岛航海俱乐部创建者张鸣的夫人、当时在青岛航海俱乐部负责人事工作的刘丽明女士，回忆起当年火红的创业岁月，依旧激情难抑、如数家珍。从她向笔者展示的一件件当年的照片、信函中，可以窥见当年作为新中国航海事业拓荒者那种筚路蓝缕、胼手胝足的创业精神。这些，毫无疑问成了日后青岛乃至整个中国航海运动界的宝贵精神财富，成为激励一代又一代青岛航海人不断开拓进取的魂中之魄和力量源泉。

四、新时期竞技帆船运动蓬勃开展

随着党和国家工作重心的转移，改革开放的东风也再次"吹皱一池春水"，在碧波荡漾的黄海之滨鼓起风帆。

1975 年 10 月，根据国务院中央军委关于迅速恢复军事体育活动的要求，国家体委宣布恢复中航俱乐部，改称国家体育运动委员会青岛航海运动学校（简称"中航校"）；翌年 4 月，山东省航海俱乐部恢复，改称山东省体委青岛航海运动学校。

改革开放后，体育工作也开始进入战略调整期。1979 年，随着中国恢复在国际奥委会的合法席位和"奥运战略"的提出，国家对奥运等竞技体育项目的支持力度逐年加大，中航校也开始与世界接轨，实现由军事体育向竞技体育的转型，把训练重点转向奥运会的帆船、帆板等项目。1980 年，首届全国帆船锦标赛在青岛举办，帆船运动在我国、在青岛开始进入崭新的阶段。帆板运动也是在这个时候开始进入人们视野。

我国首条帆板于 1979 年在中航校试制成功，并在当年 8 月举行的第四届全运会摩托艇赛开幕式上进行了精彩表演，引起各方的关注和极大兴趣。次年 9 月，中航校举办了全国帆板教练员培训班；10月，国家体委决定将帆板运动列入我国正式的竞技体育项目。1981年8月，全国首次帆板竞赛在青岛举行。

中国帆船运动于1982年再次走上国际赛场，两年后就获得世界冠军。那是1984年在澳大利亚举行的第十一届帆板世界锦标赛上，中国选手张小冬分别问鼎长距离和三角绕标两个项目。这是中国帆船队在世界性比赛中首次夺得世界冠军。从第一条帆板试水到第一个世界冠军的诞生，我国的帆板运动仅仅用了五年时间。这一成绩不但震惊了同行，也引起我国体育界的重视。

之后，在第十届、十一届、十二届亚运会上，中国帆船队每届都能斩获金牌。1989年第五届亚洲帆船锦标赛上，青岛籍选手赵永强、王勇和杨弘、石小英分别为中国队夺得男、女470级两枚金牌，这也是青岛市选手首次在洲际大赛中夺冠。

1988年，中国帆船队在第23届奥运会上开始了他们的帆船之旅。1992年，在第24届奥运会帆船比赛中，张小冬克服各种不利条件，夺得一枚帆板项目银牌，实现了中国队也是亚洲帆船运动在奥运帆船项目上零的突破。这枚奖牌以及之后所取得的一系列优异成绩，标志着中国女子帆板队已经跃居世界先进行列。

不管这些运动员来自何方，青岛人民都为之自豪，因为他们平常大都在青岛集中训练。为了能够早日站上世界领奖台为国争光，他们的汗水洒在了青岛，他们的精神融进了青岛这座城市。

以此为契机，中国在世界帆船界声望日渐提升，青岛的知名度也大大提高，一些重要的国际赛事也开始选择在青岛举办，青岛与帆船运动的情缘不断加深。

1991年9月，第二届亚洲OP级帆船锦标赛在青岛举行。这也是首次利用社会力量、由生产OP级帆船的厂家提供赞助的赛事，是中国帆船运动实行市场化运作的一次有益尝试。

时光又过了10年。在北京刚刚申办第29届奥运会成功、青岛成为奥帆比赛项目的举办城市之后，第39届OP级帆船世界锦标赛于2001年在青岛举办。这是中国首次举办世界级帆船大赛，也是青岛市有史以来举办的规格最高、规模最大、参赛队伍最多的国际比赛。最终，中国队获得团体总分第四和女子个人总成绩第一名的好成绩。

青岛市将这次比赛当成2008奥帆赛的一次实兵演练，在组织机构、赛事方案、场地清理和设施准备等各方面做了精心准备，并尝试引入市场化力量共襄盛举；作为赛事承办方之一的市场化力量——青岛崂山邹家帆船俱乐部，提供了比赛所需的近300只帆船，保证了赛事成功举办。

这一时期，青岛的帆船人伴随改革开放的大潮乘势而上，奋勇进取，不但为国家争得了荣誉，而且通过自己的不断拼搏和在各种场合所展示的团结、勇敢、坚韧、拼搏的精神，既为青岛丰富多彩的多元城市文化增添了新的元素，也为争办迎办奥帆赛和打造"帆船之都"这一新的城市品牌奠定了坚实基础。

五、全民迎办奥帆赛和帆船运动进校园

2001年7月13日，伴随着国际奥委会主席萨马兰奇的

郑重宣告，北京正式成为第29届奥运会的举办城市。之后的奥帆赛申办成功，也将青岛推向了新的历史舞台。而说到青岛申办奥帆赛，绕不开的一个人物就是王志敏。青岛崂山邹家帆船俱乐部的当家人王志敏和老伴，都是20世纪50年代我们国家的航海运动员，俩人退役后，难以割舍他们酷爱的帆船运动，就办起了以生产OP级帆船为主业的鲁邹船厂（后来的青岛崂山邹家帆船俱乐部）。在为承办第39届OP级帆船世锦赛向国家有关管理部门递交申办材料的过程中，他碰巧遇上曾经举办过亚运帆船赛的秦皇岛市市长一行。凭着一个老帆船人的经验和直觉，王志敏敏锐地判断出他们一定是为申办奥运会帆船赛而来。返青后，王志敏立即将这一情况向青岛市有关领导做了汇报，引起了从主要领导到部门负责人的关注和重视，上上下下经过分析一致认为，青岛具备得天独厚的自然禀赋、底蕴丰沛的航海传统和对外开放的文化优势，这个十分难得的机会一定不能错过。于是，申办奥运会帆船赛的任务便正式提上了青岛市的重要议事日程。

皇天不负有心人。经过各种努力，最终奥帆赛事花落青岛；其中的坎坎坷坷曲曲折折、跌宕起伏的过程暂且按下不表，但是完全可以说，通过申办奥帆赛，青岛不但城市各项建设得到大幅提升，更给青岛人民做了一次入心入脑的奥运和帆船知识的大普及，而紧接而来的全民迎办奥帆赛，更是一场接一场可以充分反映青岛人的帆船情缘和拼搏精神的硬仗。限于篇幅，这里只能从中撷取几个片段，供读者朋友管中窥豹。

从奥帆赛花落青岛那一刻起，全市上下就动员起来，选拔各路精英成立奥帆委，制定实施《青岛奥运行动规划》，广泛开展多种形式的迎奥宣传活动，努力在全市营造"人人当好东道主，办好国际帆船赛"的氛围。正像笔者为《青岛帆船运动百年史话》撰写的序言里所讲："自北京申奥成功的那一刻起，青岛的一切都在围绕着奥帆赛展开；而我们所做的一切，也将对青岛的未来发展带来深远影响。以往提到青岛，人们想到的总是红瓦、绿树、碧海、蓝天，现在人们则会把它同奥帆赛紧密相连。在岛城人的心里，有着自己的憧憬和梦想：2008年的青岛，奉献给世人的不仅仅是蓝天碧海、点点白帆的美丽景色，更应该奉献青岛人的热情和真诚；奥帆赛之后，留在青岛的也不仅仅是场馆、建筑，更应该将奥运精神和奥运文化在青岛发扬光大。"

为给奥帆赛提供一个一流赛场，青岛市政府与中船集团反复协商，最终确定将位于浮山湾畔的北海船厂整体迁移，并在原址规划建设起一个极具青岛特色的、具有世界顶级水准的帆船赛场。放眼世界，像这种紧邻城市中心、方便观众观看比赛，且通过曲折优美的岸线将山、海、湾、岬、礁、岛、港、城有机融为一体的帆赛赛场和观赛场地，可谓首屈一指。

2006年是青岛市全力以赴迎办奥帆赛的一个重要节点。这一年的7月26日，一个颇具创意的口号"心随帆动，驶向成功"横空出世，并迅速"蹿红"，回荡在岛城的大街小巷。而几乎就在同一个时间，一个看似与之不相关联的事情正在酝酿推动。

这件事情就是以帆船运动进校园为载体的"千帆竞发2008"活动。当时的背景是，随着奥帆赛的不断临近，青岛市委市政府对帆船运动的重视程度和社会各界的关注热度也愈来愈高。就在2006年，青岛市体育总会联合相关部门发文，决定在全市大中小学校开展"帆船运动进校园"活动。2007年，借助全国"阳光体育"工程，"千帆竞发青少年帆船运动与奥运同行"的双千工程，在青岛市中小学校正式启动，全市48家企业赞助了1000余条帆船及训练设备，"帆船运动进校园"活动正式拉开帷幕。这一活动的目的，既是为奥帆赛造势，也是青岛市借助奥帆东风打造"帆船之都"城市新品牌和培养人才、夯实基础的重要基础工程。

在青岛市市北区有这样一所小学：地处新老城区结合部，45%的学生是新市民子女，整体教学质量平平；如何从众多学校中突出重围、如何树立具有鲜明特色的办学风格，正是学校领导苦思冥想寻求破解的难题。"帆船运动进校园"活动令校领导们灵光闪现，恰在此时，学校调进一名曾经接受过帆船专门训练的年轻教师，于是紧紧抓住机遇，将帆船运动作为学校教学特色，并努力克服距海较远的短板，通过开发多种形式的教学活动激发学生们学习帆船技能的兴趣，不但学校很快被评定为青岛市"帆船运动进校园"活动先进单位并被确定为特色学校，而且一批学生由此兴趣引路，经过刻苦训练不断取得好成绩，从而实现了人生的跨越。这只是青岛市自2006年开展"帆船运动进校园"活动，不断夯实帆船运动在青岛的群众基础所取得的众多成绩的一个缩影。

十余年间，以"帆船运动进校园"活动为核心的青少年帆船普及运动风靡整个青岛。在社会各界支持下，2006年以来，全市共建立了132所帆船特色学校，打造了国际OP邀请赛国际赛事品牌，培养了数以万计的青少年帆船运动爱好者，被中国帆船运动协会和国家水上运动中心授予"全国青少年帆船运动普及推广示范城市"称号。

六、"后奥运"活动和以郭川为代表的帆船人

可以说，奥帆赛是青岛获得进一步发展的强大助推器。正是由于政府部门和社会组织迎办奥帆赛的各项工作，青岛的城市基础建设和市民精神风貌得到了极大提升。而在"后奥运"时代，如何坚持不懈地推动帆船运动的普及，使青岛帆船运动传统得以薪火相传，使"帆船之都"的名号愈来愈响亮，成为政府部门和相关体育组织认真思考的一个问题。

"后奥运"时代，为给"帆船之都"城市品牌建设不断注入新的内容，有关方面积极推动几个重要赛事相继落户青岛。

2008 年引入沃尔沃国际帆船赛青岛站比赛。

2009 年，与克利伯环球帆船赛组委会正式签署城市赞助商协议。

2009 年，创办了青岛国际帆船周。

2010 年，在"帆船运动进校园"活动基础上，推出了"全民来航海"的群众性帆船普及活动，创建了市级帆船运动赛事体系。

2011 年，引进了英国国际极限帆船赛青岛站赛事。

2012 年，成功申办国际帆联世界杯帆船赛青岛站比赛。

这些都为后奥运时代青岛"帆船之都"城市品牌建设打下了坚实基础。

作为"中国职业帆船第一人"，郭川曾在国际知名赛事

中获得过诸多"第一"，如"第一位完成沃尔沃环球帆船赛的亚洲人""第一位单人帆船跨越英吉利海峡的中国人"。2012年11月至次年4月，郭川曾经克服诸多难以想象的困难，创下了单人不间断环球航行137天的世界纪录。无论是那次出发壮行，还是4月5号的迎接英雄凯旋，我都在现场。不知道那算不算见证历史，但是，当亲眼看到张小冬那代表着壮行礼仪和无数航海爱好者情感的纵身一跃，以及郭川登上码头与妻子历经生死分离后久别重逢相跪而泣的一幕，我还是被深深地震撼和感动到了。

也是因为这次壮举，郭川感动了整个中国体育界，并当之无愧地入选2013CCTV体坛风云人物。在这次颁奖盛典上，关于郭川的颁奖词是这样说的："如果你在海上连续生活137天，你可以称为优秀的水手；如果你连续驾船137天，你是优秀的船长；但是如果你是一个人连续不间断环球航行137天，并且创造世界纪录，那么，你就是航海家。郭川——改写中国航海历史的英雄。"

郭川和笔者都不是很善聊的人。或许因为有在同一所中学先后学习的经历，在欢迎他完成单人不间断环球航行归来的酒会和北京五棵松体育馆颁奖之后的青岛航海圈的狂欢派对上，我们还是片段地聊了一些话题，职业敏感告诉笔者，这应该是一个很有故事的人。于是我们约定，等笔者从工作岗位上退下来，有了充裕时间再作几次长谈。然而，再也没有机会了。2016年10月25日，单人驾驶帆船穿越太平洋的郭川，在航行至夏威夷附近海域时，与岸上团队失去了联系，也与我们这些所有关心他的人失去了联系。

我在撰写这篇短文时时常会想，究竟是什么让众多的航海人、帆船人乐此不疲？究竟是什么驱使和支撑他们投身大海劈波斩浪？一代又一代人筚路蓝缕、胼手胝足、锲而不舍、孜孜以求的精神，还有团结、勇敢、坚韧、自信、拼搏的意志，究竟算不算因海而生的青岛人的帆船之魂？

或许，郭川的这句话可以给出答案："我的航海事迹可能无法拷贝，但是我的追求精神却可以复制。"郭川的"追求精神"，其实就是对于自身生命的拓展要求，是不断谋求超越的进取精神，更是对未知领域努力而无畏探索的挑战精神和敢为人先、勇立潮头的创新精神，也是中华儿女对民族复兴的追求践行以及相应的海权意识在新时代逐步觉醒的体现。这种精神，就是青岛人的帆船之魂！

谨以此文献给《青岛人 帆船魂》，献给那些为塑造"帆船之都"品牌、为帆船梦拼搏奉献和牺牲的人们。

在文章的最后，作为一个怀着钦佩之情"作壁上观"的人该对青岛的帆船人说句什么话呢？仔细想了想，普希金这句话非常合适："你最可爱。我说的时候来不及思索，而思索之后，我还是这样说。"

青岛帆船运动的发展，离不开帆船英雄、帆船竞赛参与者、帆船运动进校园领军者的拼搏努力，他们是青岛帆船运动的中坚力量，他们开拓进取、顽强拼搏的精神鼓舞着一代又一代的帆船人。

郭川、王立、张小冬……他们的故事值得被记录和传颂。本章带我们回顾往事，展望未来，一起走进海上英雄们的世界，感受英雄们的帆船精神。

第一章

大海上的传奇

向海而生
——中国航海家郭川的故事

许晨

好奇与冒险本来就是人类与生俱来的品性，是人类进步的优良基因，我不过是遵从了这种本性的召唤，回归真实的自我……

——郭川

一

"大海啊，请你停一停波浪，祈祷我们的船长平安吧！"

"海风啊，请你静一静呼啸，祝福英勇的郭川回家吧！"

一个冷秋的夜晚，华灯初上，光影迷离，美丽的海滨城市青岛笼罩在安谧的夜幕之中。忙碌了一天的人们或乘车疾驶，或步履匆匆，穿过整洁而宽阔的街道，奔向自己那个叫作"家"的温馨港湾。可在青岛著名的奥林匹克帆船中心，情人坝（挡浪坝）的灯塔下，却有一群群普通的市民离开了家门，来到这里，自发地聚集在一起。

秋夜的海边寒意袭人，可他们没有丝毫感觉，面容焦虑、神情严峻，拉起了一条条长长的横幅，点燃了一支支红红的蜡烛，面向浩瀚大海，仰望无限星空，有的人双手合十，有的人喃喃自语：郭川船长啊，你在哪儿？你能听到亲人的呼唤吗？家乡盼望你平安无事，祖国期待你凯旋……

这是 2016 年 10 月 28 日，距离那个令人震惊的时刻已经过去了三天。那是怎样的一刻啊！是不忍回眸的一刻！10 月 26 日，中央电视台新闻频道正常播出，突然屏幕下面飞出一条字幕：据新华社消息，正在单人驾驶帆船穿越太平洋的中国职业帆船选手郭川，在航行至夏威夷西约 900 公里海域时，于北京时间 25 日 15 时 30 分与岸上团队通话之后失去联系！

一石激起千层浪。立时，亿万国人的心像被一只无形的手揪住似的。

失联！自从马航 MH370 客机在南中国海上空"失联"之后，这个名词便几乎与"不幸"二字画上了等号。

多年来，郭川的名字在航海界、体育界抑或是社会各界，不能说如雷贯耳，也早已是声名显赫了。他的不凡业绩通过广播电视、报纸杂志传遍了华夏大地乃至世界航海业。郭川是中国职业帆船航海第一人，获得过诸多"第一"：第一位参加克利伯环球帆船赛的中国人、第一位完成沃尔沃环球帆船赛的亚洲人、第一位单

在海上展开五星红旗

人帆船跨越英吉利海峡的中国人。2012年11月18日，郭川开启"单人不间断帆船环球航行"之旅，经历了海上近138天、超过21600海里的艰苦航行，于2013年4月5日驾驶"中国·青岛"号帆船荣归母港青岛，成为第一个单人不间断无补给环球航行的中国人，同时创造了国际帆联认可的40英尺级帆船单人环球航行世界纪录。两年后，他又率领国际船队驾超级三体帆船，成功创造了北冰洋（东北航线）不间断航行的世界纪录……

2016年7月，郭川团队应国际奥委会主席巴赫之约，从法国拉特里尼泰出发，跨越大西洋到巴西里约热内卢，观礼2016年奥运会，而后启航穿越巴拿马运河，沿太平洋东岸北上，经过两段航程共43天的航行之后，于当地时间9月30日凌晨抵达美国旧金山。计划在10月中下旬，由郭川独自驾驶帆船横跨太平洋，目标地为中国上海。

这个航段是一次挑战之旅：2015年6月，意大利"玛莎拉蒂"号船队创造了从旧金山到上海用时21天的帆船速度世界纪录。郭川决心单人单船沿此航线突破上述纪录，用16天至20天到达上海市金山区。因"玛莎拉蒂"号船队有11名船员，所以郭川不管用多长时间完成航程，都将创造一项新的世界纪录：单人不间断跨越太平洋航行，被称为"金色太平洋挑战"活动。

2016年10月18日上午，旧金山湾区阳光明媚，郭川独自驾驶着"中国·青岛"号，离开停靠的里士满游艇码头，在人们的一片欢呼送行声中，踏上了直达中国上海的航程。当鲜红的三体船从旧金山地标建筑金门大桥下通过的瞬间，国际帆船联合会记时员沙马·科塔古特蒂按下计时器，显示当地时间14时23分11秒。这年，已经51岁的郭川在太平洋上独自航行7000多海里，一路上需闯过风暴、海浪、鲨鱼、孤独等难关。一般人连想都不敢想，可我们的郭川船长毫不畏惧。

当然，他不是只知蛮干的"傻大胆儿"，而是有建立在科学训练和多年实践的基础上的自信。他此次驾驶的超级三体船长约 30 米、宽 16.5 米，桅杆高 32 米，使用碳纤维材料制造，重量轻，性能好，为世界上仅有的同型五艘帆船之一，在上次的

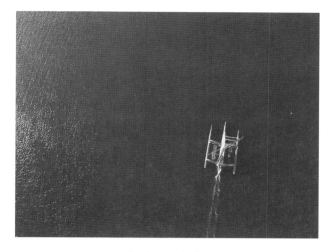

超级三体船

北冰洋航行中表现甚佳。为了准备这次挑战，郭川团队又对此船进行了部分设备的升级改造，驾船从法国一路走来，进行了大量模拟训练。

万事俱备，只欠东风。帆船前进的主要动力就是风，一帆风顺、乘风破浪，祖先留下的诸多成语证明了这个道理。然而，这是一把双刃剑，无风难行船，风大浪必高。特别是一个人、一只船，只靠风航行在茫茫大海上，如果遇上狂风暴雨、浪涛汹涌，那将是难以言表的灾难与不幸。虽说郭川船长是久经沙场的战将了，也不免谈此色变、百倍小心。临行前，他说了一句耐人寻味的话："从某种意义上说，我是在不断挑战一个更高的层面。我希望把这件事做得精彩，给自己的帆船梦想增添新的高度。风是我的对手，也是我的伴侣。没有风，走不好；风很大，会带来很多压力。我要时刻小心谨慎，避免产生不好的结果……"

难道是一语成谶？就在郭川驾船航行一周后的 2016 年 10 月 25 日，"中国·青岛"号驶到距离夏威夷以西 900 多公里的海域，他中午时分曾与岸上团队连线通话："怎么样，船长，没事吧？你那边有什么

新消息？""啊，还行。"郭川答道，声音里透着疲惫："没事就是最好的消息。昨天晚上有些不稳定的阵风，有两个乌云团突袭，然后阵风加大，船体感受到了突如其来的压力。好在都已经应对过去了。"

"那你一定要多加注意啊，利用风浪较小的时间，尽量休息一下，保持体力。如果再遇到突发之事，比如撞上鲨鱼什么的，没有体力是不行的。"

"对！其实远航撞到大鱼是常见的事情，这回我就撞到两次了，鱼有一两米长，没有什么破坏力。当然，我不希望撞到鲸鱼，否则那就麻烦大了……"

"好的，不说了，保重！"

此次通话后，郭川一位同学又打通了电话，聊了一会儿，他就休息了。北京时间下午三时半左右，岸基保障团队GPS定位图屏上，突然显示帆船航速明显慢了下来，从二三十节突然降到了六七节，大家赶紧联络郭川，不料却一点儿回音也没有了！

"'青岛'号，'青岛'号，你在哪里？听到请回答！听到请回答！"

"郭川船长，郭川船长，在何方位？发生了什么事情？请回答，请回答……"

岸上保障团队负责人刘玲玲以及她的团队伙伴们，一遍又一遍地用海事卫星电话和超强信号的手机呼唤着。一个小时过去了，两个小时过去了，郭川就像人间蒸发了一般，无声无息。"失联"这两个幽灵一样的大字，像两记大锤重重地砸在人们心上。他们马上向中国驻美国外交使团报告，并联系美国海事部门请求援助。

中国驻洛杉矶总领事馆对此高度重视，立即启动了应急机制，敦促美方采取一切必要措施全力展开搜救。这是人道主义救援，国际上照例是一路绿灯。美国海岸警卫队夏威夷海事救援中心、美国海军在附近游弋的舰只，法国航海帆船运动基地有经验的水手，纷纷在第一时间前往事发海域。很快，搜救飞机在海面上发现了三体帆船，其大三角帆倾斜落水，甲板上空无一人，无线电对讲机多次呼叫没有应答。消息传来，人们心情十分沉重，这说明郭川落水了……

熟悉帆船运动的人都知道：单人单船的航程中，最怕的是人船分离，一旦由于狂风大浪、抑或是大鱼撞击，失足坠入海中，根本赶不上一直前行的帆船，前后左右无人施救，就会遭遇不测。唯一期盼的是，他在海面上漂浮或游到某个荒岛上，利用野生知识坚持，伺机被前往搜救的飞机、舰船找到并且安全地带回来。

祖国时时刻刻牵挂着她的儿女！

自从"青岛"号失联的消息公布之后，举国上下就被"郭川"这个名字牢牢吸引住了。每天每夜，人们密切注视着中央电视台的新闻直播间、24 小时、新闻联播等栏目，忧心如焚地等待着来自太平洋的信息。在 10 月 27 日的中国外交部例行记者会上，发言人陆慷表示："中国航海家郭川不幸落水失联，外交部和中国驻洛杉矶总领馆正密切关注有关事态，继续协调相关搜救工作。如果有进一步的消息，我们会及时向大家提供。"

郭川的家乡——山东省青岛市，更是在第一时间启动应急机制。市委、市政府召开专题调度会，全力做好各项搜救工作。市体育局、市帆船运动协会等单位及时联系郭川的保障团队，了解最新信息，慰问郭川的妻子肖莉和亲属。最令人感动的是那些普普通通的青岛市民。他们视郭川为自己的城市英雄、家乡的优秀儿女，震撼担忧之余，各个微信群朋友圈里振臂一呼，决定于 10 月 28 日晚上来到奥帆中心，为郭川船长祈福！于是，这就发生了本文开头的一幕。

青岛，是当年北京奥运会的伙伴城市，是举办奥运会帆船比赛的地方，也是航海英雄郭川和他的"中国·青岛"号扬帆起航以及回归凯旋的母港。多少次，他在这里迎着满天朝霞，装满了亲人朋友和社会各界的祝福，走向深海大洋。又有多少次，他在这里披着一片夕阳，载负着疲惫的身躯和成功的喜悦，胜利地归来了！

不管是出海还是返航，青岛奥帆基地里总是簇拥着迎送的人群，荡漾着欣喜的笑意和敬佩的掌声。唯独这天晚上，黑黝黝的海面、静悄悄的码头出现了从未有过的沉重。怀揣着沉甸甸心情的人们，仰望着远方的海浪，点燃一根根红蜡烛，向着大海星空祈祷。一声声呼唤此起彼伏："回来吧，我们的郭川船长！"

北京航空航天大学青岛校友会、帆船之友会、青岛一中校友等群友们，还有许多自发赶来的市民、游客和外宾都一脸凝重、虔诚地伫立在海边。那摆放在地上的数百根蜡烛，组成了一个个放射着红红光焰的大字——"郭川平安""船长归来！"，在夜幕下与满天星辰相映生辉、分外醒目……

二

郭川是一个什么样的人？

他又是怎样成为一名职业帆船赛手的？

要想了解清楚其中的来龙去脉，那还要从国际帆船运动这个项目说起。

帆船，顾名思义是利用风力前进的船。国际帆船赛事总体上分为两种。一种是运动员驾驶帆船在规定的场地内按级别比速度，比如奥运会帆船项目；一种是离岸远航横跨大洋，抑或是环球航行，具有探险和科考性质。相比而言，后一种则更加考验船员的意志品质和驾船

永远的船长

技术。

郭川就属于后一种更具挑战性的帆船航海家。然而，他并不像欧美国家的运动员那样，从小就在海水里扑腾、迎着浪喝着风长大，而是半路出家，一步步从业余爱好，走上职业航海生涯的。算起来，他真正从事这项运动时，早已过了而立、接近不惑之年了……

2012 年 11 月 18 日，一个风平浪静的日子。在顺利完成了 M34 级别的环法帆船赛、横跨大西洋比赛之后，郭川熟悉新船，训练磨合，做好了充分准备，驾驶"青岛"号，开始了单人无动力不间断环球航海之旅。

青岛市政府、市帆船帆板运动协会和各界人士、市民群众共 1000 多人，在奥帆中心基地举行了盛大的出征仪式，为家乡的好汉郭川壮行。这天上午，秋高气爽，整个基地码头披上了节日的盛装，彩旗飘舞、鲜花簇拥，一块硕大的蓝色背景板高高挺立，上面印着高扬着"青岛"二字的帆船图片，还有醒目而庄严的八个大字：环球英雄，中国传奇！

面对家乡父老的殷殷期望和高涨热情，郭川这位铮铮铁汉激动不已，以至于在发表感言时，热泪盈眶，几度哽咽："今天我特别激动，应该激动，真的很激动。感谢大家，感谢青岛……一年前，哪怕是一个月前，我都不敢想象今天的到来。我想说的是，我行，我能，我一定能，请放心，明年春天，我们故乡见！"

欢送的人群爆发出一阵阵热烈的掌声和欢呼声。其中有一位梳着短发、举止干练的中年女士，神情激动而欣慰，悄悄摘下近视眼镜，擦拭着无法遏止的泪珠。她就是青岛市体育总会主席、帆船协会常务副会长林志伟，为了此次郭川出航付出了很多心血。

不过，最初听到郭川的单人环球航海计划时，林志伟以为他只是说说而已，并不太当真。因为这个项目太难太苦了，几乎无人问津。可当看到郭川在一步步认真准备着，筹划着，特别是他要求把青岛作为出发与返航点——要知道，这是该项目设立以来第一次从东方城市启航，并且坚持将帆船命名为"青岛"号时，林志伟感动不已，决心尽力支持他！

2016年12月的一天，我在青岛市奥帆基地媒体中心大厅里，采访了这位曾为打造"帆船之都"立下汗马功劳的林会长。谈到郭川，她充满感情地回忆道："2011年，郭川告诉我，他要做环球航行，并且把帆船命名'中国·青岛'号。我太高兴了，决心要帮帮他。在请示了领导之后，我从当年的帆船经费中挪了一块给了郭川团队，包揽了他出发的所有活动筹备及费用。送他出发的时候，随行的游艇跟出了很长时间，从欢呼到流泪，流干了眼泪，喊哑了嗓子，我觉得他回来的可能性很小……"

事实上，不少亲朋好友都有这种担心，只是不愿表露出来罢了。一个人，一条船，一片海，一道道未知的难题。挑战海洋，挑战自我，太难了……

按照国际惯例，每一项远洋航海赛事起航前，都会有一位名人从比赛船上跳入大海，为参赛选手壮行。而今天为郭川担任"跳海嘉宾"的就是中国第一个帆板世界冠军张小冬，她时任国家体育总局青岛航海运动学校副校长。张小冬陪同郭川绕行一周，深情地拥抱祝福，相约明年春天再见。而后，她张开双臂纵身跃入大海。

站在起点线上的青岛航海学校副校长曲春按下了秒表。他是国际帆联仲裁专员，执法过雅典奥运会帆船比赛。国际帆联规定，创纪录的航海项目，必须选择醒目而永久的建筑物做参照。曲春受国际帆联委托，肩负着仲裁使命。赛前一个月，他带着几位助手仔细测量，反复权衡，确定了"五月的风"雕塑尖与奥帆中心灯塔顶部连线的延长线，为郭川此行的起终线。

11 时 57 分 07 秒，"青岛"号以约 20 海里的时速冲过了起点，标志着郭川正式拉开不间断环球航海的帷幕。曲春大喊一声："'青岛'号，起航了！"刹那间，几道彩烟升腾而起。郭川挥了一下手，全神贯注地驾船乘风破浪，向前航行，不一会儿便消失在美丽的水天线中。

此时此刻，之前始终淡定甚至面露微笑的妻子肖莉，再也抑制不住自己的情绪了。她把小伦布交给郭家大姐，突然跪倒在地上，朝着"青岛"号的方向磕了三个头，祈求上苍保佑丈夫一帆风顺，平安回来……

"青岛"号船体太狭小了，40 英尺级，长度折合只有 12 米，为单人不间断环球航行最小级别的。船上有个主控制台，上面有一排开关、仪表，用于导航，显示船速、水深、合成风和船行方向等等。供电要靠太阳能蓄电池，还有天线系统，随时和卫星保持联系。

　　郭川的饮食起居限定在 4 平方米的船舱内，在海上只能靠脱水压缩食品充饥，吃饭时，把食物浇上热水，泡成糊状食用。他也携带了少量罐头、香肠、咸菜之类的食品和几瓶酒，留着在船上庆贺元旦、春节和生日，这一去就是数月。此外，他只带了一箱纯净水，那是在遇险时的救命水，平时饮用水全部来自海水净化装置。

　　虽说眼下郭川特别渴望休息，身体却马上要进入另一种状态。首先就是培养自己的睡眠系统，一个人面对大海，什么事情都可能发生，时刻需要保持着高度的警醒状态。他设置了一个闹钟，每次睡觉最多 20 分钟。哪怕一丁点儿异样的声响，都会刺激着他的神经末梢。

　　后来，郭川回忆最初航行过程时说："……实在太困了，死去活来的困。白天还好，我能坚持不睡。可天一黑，半夜到天亮，是最难受的时候。那是我在海上的第二天晚上，凌晨三点，我心力交瘁，决定打个小盹。也就 20 分钟，突然听见'哐当'一声。我一下就醒了，然后脑袋懵懵的，心想肯定是挂上渔网了。最简单的办法，是把帆降下来，看看如果没有动力，渔网的绳子能否自动松脱。但当我降帆之后，发现浮标和绳子仍然绞在船底。我拿了个钩子，小心地把绳子一根一根勾过来，再用刀子割掉。浮标仍不停地在撞击。那真是个

郭川与风浪搏击

恐惧的声音，就像深更半夜有人在猛烈地敲门。一个多小时后，声音终于停下了。我拿着手电筒，检查了一下四周，看看船舱，感觉没出什么大问题，终于松了一口气。天仍是黑的，很快就是黎明，我却再也睡不着了。受了这个惊吓，睡意全无。说实话，如果那天真出了什么大问题，导致必须放弃这次航行，我一定非常沮丧。为了这次航行，我准备了将近两年，即使要放弃，也不要是现在……"

对，绝不能轻易退却。两年来，他整装待发，秣马厉兵，付出了巨大的心血和牺牲。特别是作为独子，郭川竟然未能赶上为病逝的父亲送终，成为他终生的遗憾。那还是他在法国集训的时候，一天突然接到家人的紧急电话：父亲病逝，定于后天举办火化仪式。啊！他心痛欲裂，泪流满面，自己长年奔波在外，难以为重病在床的父亲尽孝。这次一定是病情急转直下，来不及通知他回去见最后一面了。

郭川立即请假，驱车向巴黎机场飞奔，买上最早的一班机票回国，恨不能一步就迈回到父亲身边。万万没料到，由于机械故障原因，这次航班晚点了。他悲伤而焦躁地转来转去，痴痴地等待着，一直从晚上 10 点等到凌晨 3 点多钟，等来的却是航班取消！如果改换第二天的航班，计算一下时间，肯定赶不上父亲的悼念会了。

怎么办？父亲自从得知他的环球航海计划后，就表示支持，期待着儿子为中国人争这口气。他要化悲痛为力量，不能有一丝一毫的懈怠和耽搁。想到这里，郭川跪地向着东方磕了一个响头，流着泪说："爸爸，儿子不孝了，不能为你老人家送行了！请你原谅，你一直以儿子为荣，我不能停下来……"

郭川感到身上承载着父子两代的志向，怎能不全力以赴勇往直前呢？！夜深人静时，他望着无边的海浪，满天的星斗，总在想那是父亲在看着自己呢，身上就有了无穷的勇气和力量。

接下来，他遇到了一个又一个难以想象的难关，都百折不挠想方设法地去拼、去闯、去奋争。用他的话说："我每天以海水洗头、以雨水洗澡，以泪水洗面。我恐惧过、沮丧过、哭泣过，但从没有放弃过！"

为了节约篇幅，让我们回放一下当时的航程片段，可见一斑——

2012年11月27日，横风帆一个固定点的绳缆在与轮轴发生摩擦后突然断裂，郭川在一片漆黑的环境下花费了一个小时，才将面积约100平方米的横风帆铺在水面上并重新收好。

2012年11月30日，"青岛"号行驶至热带风暴南侧，郭川小心驾驶，绕过风暴中心区，成功摆脱了灾难性天气的威胁。

2012年12月27日，帆船大前帆突然发生破损，坠落水中，他紧急将船停住，在漆黑的夜里花费很长时间才将帆从水中捞起，重新收好。随后，爬上六层楼高的桅杆，剪掉之前大前帆的残余部分。

2013年1月5日，郭川在海上迎来自己的48岁生日，按照约定，他打开电脑视频，看到了妻子和儿子可爱的面容。想家的情绪非常浓烈，他把儿子的照片打印出来，贴满船舱。肖莉和孩子每天都会和他通电话，讲讲家里面的事情，电话里的笑语盈盈压住了舱外的疾风大浪。

2013年1月18日，郭川来到了南美洲最南端的合恩角。这是整个航程中真正给他带来巨大危险的地方。位于智利南部的合恩岛岬角，以1616年绕过此角的荷兰航海家斯豪滕的出生地合恩命名。终年强风不断，波涛汹涌，历史上曾有500多艘船只在此沉没，两万余人葬身海底，有"海上坟场"之称。

郭川全神贯注地驾驶帆船，一会儿被巨浪推向波峰，一会儿被卷入波谷，在惊涛骇浪中前行，随时都有葬身大海的危险。经过两天两夜的顽强搏斗，他终于闯过了这道鬼门关。他按照传统，掏出早就准备好的一瓶朗姆酒，一根雪茄，把摄像机放在前面，拍下难忘一刻。

一脸沧桑但异常兴奋的他举着一块纸板，上面写着："走得到的地方是远方，回得去的地方是家乡。"

2013 年 4 月 3 日清晨，肖莉接到丈夫的电话，听到郭川激动地说："我肯定能回家了！"她又掉下了眼泪……

两天后——4 月 5 日清晨，郭川驾驶的帆船驶入青岛浮山湾的奥帆基地，驶入了去年秋天启航的地方。家乡父老早已等候在这里，欢迎远航归来的游子，自己的城市英雄。"青岛"号先后两次自东向西、自西向东驶过终点线之后，在数十艘伴航的迎接船队齐鸣的汽笛声中驶入港池。

"来了！来了！"岸边人群中传来山呼海啸般的欢呼声，一个个兴奋地指指画画。郭川站在船头点燃了信号棒，与岸上的鞭炮烟花一齐腾飞，人们不断高呼着"郭川！英雄！""好样的，郭川！"

现场大屏幕上显示的航行时间为 137 天 20 小时 02 分钟 28 秒。最终纪录，还要等待国际帆联核实黑匣子的数据，精确地确认冲线时间。那时，郭川将创造 40 英尺级帆船单人不间断环球航行世界纪录，并历史性地开启了这个项目的"东方航线"。

此时，"青岛"号尚未靠岸，归心似箭的郭川早已等不及了。他面朝岸边跪拜叩头，而后纵身一跃，跳入冰凉的海水中，奋力游向妻

郭川爬上岸

郭川与家人在一起

儿身边。早已等候在岸上的肖莉搂着两个孩子泣不成声。郭川用尽力气爬上了岸，爬到亲人面前，埋头亲吻着故乡的土地。慢慢地，他抬起头，对妻子肖莉说："我，活着回来了！"

郭川的母亲也走过来，一家人紧紧地拥抱在一起。

前一个夜晚，得知郭川快到家了，74岁的老母亲激动得一夜没睡，她带来了儿子爱吃的苹果、山楂片、桂圆、花生米……

三

时光回到2016年10月，尽管国内外掀起了一场空前浩大的海空大搜救，但人们心里明白，失联这么些天，凶多吉少。可是谁也不愿说出那个"黑色"的名词，总盼望着奇迹可能发生……

其间，岸上团队联系了有关专家、水手，已经把郭川船长的三体帆船拖到了夏威夷。总经理刘玲玲一直待在那里，组织一拨拨的搜救，看护维修船体，期冀意外的佳音，但收到的消息只有四个字——"持续失联"。

一个月后，刘玲玲与两名曾经和郭川共事过的法国水手来到海边，遥望远方，默默伫立，表达对郭川的思念。天边翻滚的浓云正在由白变黑，海浪吐着白沫不断冲向金色的沙滩。四周一片静默，只有无止无休的潮涨潮落声，拍打着人们的心扉。三个人相对无言，双手合十，让自己的眼光尽量望向海天交接的远方……

也许，在大海深处的某一片清澈水域，郭川正迎着东方的太阳追逐自己的梦想。满载一船朝晖，他在放声高歌。认识郭川的人都知道，由于种种原因，他的行为和追求还未得到应有的重视，一直活得有些压抑。

也许，在太平洋某个不知名的小岛上，郭川正在奋力地披荆斩棘开辟求生的通道。理解郭川的人也明白，他是一个不会轻易服输的人，就像海明威笔下的《老人与海》中的老渔夫一样，永远不会被打败……

人同此心，心同此理，这段时间以来，国人为郭川船长的命运深深担忧着、惋惜着。在当下资讯信息相当发达，微博、微信等自媒体、互动媒体百家争鸣的时代，网友们纷纷发声。这里，选载一二，供各位读者参阅——

一位叫"青春的痕迹"的网友真诚表示："我特别钦佩这种敢于挑战命运的人。但是大海离我太远了，我只能默默地祈祷！吉人自有天相吧！"

网友"巴西站星星"说："媒体没有扩大他，他真的是民族英雄，只是他胜利的时候报道得少，所以一些中国人不知道他的功绩！他在全世界的帆船航海界被称为中国第一人，是他把中国帆船名声打出去的！"

几乎每个网站、每篇报道郭川的文章后面，都有成百上千条读者、网友们的留言，大部分是充满了对郭川的关切、祝福和尊敬。但不容否认的是，也有一部分人有另外的看法，归纳起来主要两点：

一是认为郭川此举是对家庭的不负责任，只顾自己追名逐利，而使妻儿老小无依无靠。二是对于英雄定义不认可：说好一点是一个壮士，说差一点只是体育爱好者，说得不好那就是冒险找死！不知道他的这种个人行为给大家带来了什么？怎么就成了英雄呢？

老实说，这些话语深深地刺痛着了解郭川、理解船长的人，他们难以忍受心目中的英雄在生死未卜甚而魂归大海之际，还被不明真相的人如此中伤。笔者在采访郭川的同学、亲友、支持者等人士时，他们无不对此表达了心中的愤慨。

可是，平静下来认真思考一下，那些网民大多不是故意捣乱的人，而只是缺乏对帆船航海的了解，缺乏正确的"英雄观"罢了。这就需要我们的社会科学家、文学艺术家和理论工作者去说明、去教诲、去苦口婆心地引导。

郭川是不是一个只顾个人名利、不管家庭的人呢？

答案显而易见：不是！相反，他是一个深深爱着家庭的孝子、贤夫和可爱的父亲。正因为这种挚爱，才使他一次次离家远航，去追求人生的梦想和祖国、民族的尊严。而也正因如此，他获得了亲人有力的臂膀和温暖的怀抱。他的妻子，坚强而美丽的肖莉，在回答有关问题时坚定地说："他有个大目标，他做的一切我都支持，因为我爱他！"

这些年，郭川从事这样非奥运会、国内较小众的帆船航海的项目，争取赞助是比较困难的。曾经闹过这样哭笑不得的笑话：他们到一家企业谈商业广告，不料人家一听是帆船项目，立即打了"回票"，说什么听起来像"翻船"，不吉利！其实，它是预示着"一帆风顺"呢！加之帆船运动成本较高，这些年郭川团队基本上是负债运营。

而他本人呢，更是因辞职早就离开了体制，没有固定收入，十分节省，恨不得一分钱掰成两半儿花。早年，他从北京往返青岛联系事务，根本舍不得买卧铺票，都是坐一夜硬座，天亮下车，背着个双肩包赶到市里有关部门办事。一天下来，马上再乘夜车返回，为的是省下那一晚的住宾馆费用。

后来郭川稍有名气了，也得到一些比赛奖金、赞助经费，可不断尝试更高层次的技术和项目，需要聘请名师、招募队友、交纳学费和管理费等等，这些大都是郭川自费办理。如此而已，他哪有什么利润而言？说句不好听的，幸亏肖莉有个小公司支撑着，不然连养家都困难。

也许有人会问了，那么他到底图什么呢？这就归结到了第二个问题，郭川这样做有什么价值和意义？在当今时代里，他算不算英雄？对此，首先要真正理解他的所作所为，寻觅人类进步的根源。郭川曾经有一篇博文自述《执着的人是幸福的》，真实而客观地袒露了心迹。其中他这样说道：

"……独立的思想，自由的精神，始终是我追求的一个境界。茫茫大海，漫无边际，在长达数月的航行中，我需要忍受着孤独、抑郁和恐惧的煎熬，我的冒险行为，在常人看来无异于'疯子'。而我和别人的不同就是多了一些执着。所谓执着，就是不怕吃苦，不怕前面是未知还要把它当作追求的目标。我认为我是一个幸福的人，因为执着，我成就了我的梦想。好奇与冒险本来就是人类与生俱来的品性，是人类进步的优良基因，我不过是遵从了这种本性的召唤，回归真实的自我……"

这是郭川船长的心灵独语，也是向世人的真情告白，充满了飞扬的文采和深刻的哲理。其中的每一个词、每一句话都是经过深深的思考，从人生的波峰浪谷的潮头上捧来的，值得我们每个人，特别是年轻人熟读并记住。

何谓英雄？有人讲：聪明秀出，谓之英；胆力过人，谓之雄。事实上，没有谁天生就是英雄，英雄出自平常人。他们之所以能成为英雄，是因为他们踩着时代最需要的步点，在最恰当的时候及时出现了。

远在1600多年前的东晋时代，一位名叫法显的和尚从长安出发，历经千难万险到达天竺，第一次成功地从"西天"取经归来。他比玄奘早200年，"法流中夏，自法显始也。"其中，他的同伴有的死在路上，有的中途退回，也有的滞留异国不归，而他不顾年老体弱，坚决带着经文回来。

令人感叹的是：他是从海路归国的，乘坐比之今天落后不知多少倍的帆船，途中几次遇到台风，险些船毁人亡，还差点被船主因为不吉利扔到海里去，经历九死一生，才于今之崂山栲栳岛一带登陆上岸，并由长广郡郡守接至郡治（今城阳一带）休整数日。此后法显根据西行取经之经历加以整理，写出了珍贵的《佛国记》，成为后世人们探索文明的经典。

20世纪20年代是探险的黄金时代，世界最高峰珠穆朗玛尚未有人踏足，也从来没人走进其40英里范围以内。英国于1921年首次筹组珠峰探险队，乔治·马洛里以优异的登山能力和丰富的经验，是公推第一人选。他接受远征邀请，接连两次攀登均告失败，还造成了人员伤亡，但他仍然锲而不舍。

对马洛里而言，家庭孩子是他生命中的最爱，完成珠峰首攀则是他内心最炽烈的渴望，他在二者之间痛苦挣扎。1924年他又加入了第三次远征队，在季风来临的时刻进行攀登。记者问他："你为什么要登山？"他答道："因为山在那里！"马洛里说完继续攀登，然而却在距离珠峰顶只有300米时，被一阵突然而至的暴风雪卷走了。

直到1999年5月1日，美国登山队的科拉德·安珂沿传统路线登攀，在距珠峰顶端不远的冰雪中，发现了一具大理石雕像一样的尸体遗骸。安珂从残留的衣服碎片以及其他的遗物上证实，该具遗骸正是失踪了整整75年的乔治·马洛里！他那句"因为山在那里！"成为勇于进取的登山名言。

难道上述这些人都是"疯子"和"狂人"吗？难道他们都是"吃饱了撑的吗"？不，如果世界上没有这些不甘现状、敢于冒险的人，那么人类很可能还处于茹毛饮血、刀耕火种的年代。不怕吃苦，自我放逐，为信仰而献身，为梦想而拼搏，这是古今中外的"殉道者"形象。"殉道者"原意是指为了传播神的福音而牺牲的基督徒，后来延伸到那些为了信念、目标执着追求，直至付出生命的人身上，他们堪称为理想而献身的"殉道者"！

反观郭川船长，他多年来为了把中国的帆船事业推向世界高度，在欧美一统天下的领域里，醒目地写上"中国"两个大字，痴心不改、风雨兼程，虽九死而犹未悔的壮烈行为，不就是一名虔诚的"殉道者"形象吗？这样的人，完全可以称之为我们这个民族、这个国家的"英雄"！

中国是一个海洋大国，但还不是一个海洋强国，自明朝郑和下西洋的 600 年间，海洋留给中国的，多是惨痛的屈辱记忆。如今，中华民族正在为伟大复兴的中国梦而奋斗，这离不开每个人心中涌动的豪情。在这样一个历史节点上，有了郭川，至少让我们，在麦哲伦、哥伦布、库克船长这些伟大的西方航海家面前，可以稍稍抬起头来了。

如果一定要追问郭川航海有什么意义？这意义或许就是：一种对于自身生命的拓展精神；一种不断谋求超越的进取精神；一种敢为人先、勇立潮头的创造精神！这，就是我们这个时代需要的"郭川精神"！

记得一位记者采访郭川时问道："你希望更多的人像你一样吗？"

他想了想回答："我的航海事迹或许无法拷贝，但我的追求精神可以复制。"

公元 2016 年 12 月 15 日 20 时，中国十佳劳伦斯冠军奖颁奖典礼在北京 BTV 大剧院荣耀揭幕。这个奖项是由素有"体坛奥斯卡"美誉的"劳伦斯世界体育奖"，与历史悠久的"中国体育十佳运动员评选"合作而诞生的中国体坛大奖，是中国优秀运动员和教练员的至高荣誉。

在颁发最佳体育精神奖时，主持人栗坤情真意切的演讲介绍，感动了全体来宾。这个奖项众望所归地授予了还在失联状态的郭川！随着大屏幕上郭川迎风斗浪的镜头和深情款款的音乐，栗坤讲述了郭川的环球航行事迹，并把肖莉请来替丈夫郭川领奖，发表感言。

肖莉抱着奖杯和花束，站在那里想了想，慢慢而深情地讲述着："我在后台的时候，哭得稀里哗啦，我不知该讲些什么。不过上来之后，看到这里还有一艘帆船的模型，是郭川驾驶的那种帆船模型，所以刚才我一直回头在看，我……我真的非常想念他！"

她哽咽着说不下去。此时此刻，全场体育明星无不动容，郎平、王楠、刘国梁、张继科、傅园慧等人已泪流满面。

停了停，肖莉继续说道："好多人都问过我，你为什么支持郭川航海。其实特别简单，就是因为我爱他。我爱郭川，自然就要支持他做他喜欢的事情。我在这里说了这么些，好像跟这个奖没多大关系。其实我想告诉大家，如果郭川今天能来这里领奖，他一定会感谢组委会，感谢帮助过他的人。兴许他还会跟大家说一下，他的下一个航行计划……"

音乐加大了音量，伴随着海潮般真诚的掌声响彻整个大厅、达到了高潮。与此同时，北京卫视同步直播颁奖典礼，郭川获奖的片段以及肖莉代夫领奖时的真情告白立刻占据了各大网站头条。郭川的事迹和他的精神感动着每一个人，他的命运也牵动着每一个人的心！

当天晚上，由于预先没有留意北京电视台的预告，我正在收看中央一台的节目，突然接到一些朋友的微信、短信甚至电话："赶快收看北京卫视，正在直播劳伦斯体育颁奖典礼，郭川获得特别贡献奖！"

"是吗？我马上转过台去。"

大家知道，最近我正在集中精力采访船长郭川的事迹，跑遍了他曾经奔波忙碌的地方，可以说与还在太平洋上不断搜救船长的行动异曲同工，也是在另一条战线上寻找郭川，寻找郭川的成长足迹和奋斗精神。所以，一旦发现有郭川的报道，朋友们便立刻向我通报，供我参考，期待写出一个真实生动的郭川。

　　于是，整个晚上，我沉浸在了北京卫视所营造的动人氛围里。特别是听到郭川夫人肖莉朴实无华、情深意长的致辞，看到大屏幕上郭川船长迎风斗浪、笑意盈盈的镜头，看到全场那些熟悉的体育明星潸然泪下的时候，我也深受震撼，情不自禁地泪湿眼眶……

　　正值中央电视台评选"感动中国"人物之际，郭川也列入了候选人之一，我每天除了采访写作，一个首要的任务就是打开手机，一遍又一遍地刷屏投票，当看到数字在不断上涨时，心里就特别高兴。过了几天，等到肖莉稍稍平静一下之后，我拨通了她的手机，一是问候她和孩子们，告知投票情况；二是向她通报青岛人正在发起捐款活动，准备在奥帆中心塑一尊郭川船长的塑像，大家非常踊跃。

　　肖莉是一位通情达理的女性，她说感谢家乡人的厚爱与支持，郭川如果有知，一定会感到高兴的。他可以永远与大海、与青岛帆船基地在一起了。当得知我们还在积极筹备建立郭川纪念馆时，她以商量的口吻说：

　　"这是好事，但可不可以建一座会馆性质的，平常供人参观纪念，也可以容纳航海爱好者聚会。郭川过去给我说过，他在国外就住过这样的会馆，很有人情味。"

　　"嗯，你这个想法不错，我一定帮助反映上去。那名字就不一定叫郭川纪念馆了，可以叫郭川航海之家！你看呢？"

　　"不错，还可以多考虑一下。我们的目的就是一个，让郭川形象和郭川精神更好地传递下去。"

　　与肖莉通完电话，我感到一阵欣慰，这个英雄背后的女性是坚强而睿智的。厄运袭来，她没有屈服，亲情和信念给了她与家人巨大的力量。当郭川不在的日子里，她一定能够挺起柔弱的肩膀，支撑起整个家庭，抚育好两个孩子。郭川可以放心了……

　　近期来，我几乎天天与郭川待在一起——当然，我指的是电脑中他的照片和视频，一边感受他的性格特征，一边结合采访记录思考，冥冥中就像与他对话似的。从中，我有了一个有意思的发现：郭川是一个严谨的"理工男"、豪放的航海家，但也是一个艺术气质相当浓厚的"文学家"。他爱好音乐、摄影、文学。据说郭川还计划写自传，可惜未能完成。

夜深了，我关掉电脑写作的界面，打开了下载的郭川原声朗诵。或许不少人还不知道，郭川十分爱好诗歌，早就担任了"为你读诗"公益活动的嘉宾。这是一首配乐诗，是他钟爱的葡萄牙诗人安德拉德写的《海，海和海》。自从他失联以来，我一遍又一遍地播放倾听，越听越感到更加理解郭川了！

伴随着一曲悠扬深沉的钢琴音乐，"为你读诗"开始了，虽说郭川的普通话并不太标准，声音也不太洪亮，但那种内在的艺术神韵、那种沧桑的人生况味再一次拨动了我的心弦——

> 你问我，但我不知道
>
> 我同样不知道什么是海
>
> 深夜里我反复阅读着一封来信
>
> 那夺眶而出的一滴泪珠也许便是海
>
> 你的牙齿，也许你的牙齿
>
> 那细微洁白的牙齿便是海
>
> 一小片海
>
> 温柔亲切
>
> 恰似远方的音乐……

听着听着，我眼前似乎出现了一幅模糊而清晰的画面：

若干年后的某一天，有一艘独木舟载着一位须发斑白、衣衫褴褛，却铁骨铮铮、眼睛明亮的人，好似与那位名叫鲁滨孙一样的人，从大洋上乘风踏浪驶来。那是郭川船长重新回到了我们中间……

2016 年 10 月至 2017 年 5 月写于北京、青岛

2020 年 12 月至 2021 年 2 月改毕于青岛

　　郭川：1965 年出生，职业竞技帆船赛手。他作为"中国职业帆船第一人"，在国际知名帆船赛事中获得诸多"第一"，如"第一位完成沃尔沃环球帆船赛的亚洲人""第一位单人帆船跨越英吉利海峡的中国人""第一个成就单人不间断环球航行伟业的中国人"，创造国际帆联认可的 40 英尺级帆船单人不间断环球航行世界纪录。

2013 年 4 月 5 日被青岛市政府授予"帆船之都形象大使"荣誉称号；2018 年被授予中国帆船荣誉殿堂第一人。

　　许晨：1955 年出生，中国作家协会会员，中国散文学会理事，第六届山东省作家协会副主席，青岛市作协名誉主席，《山东文学》社原主编、社长，国家一级作家。

不为彼岸只为海

宋坤

如果一件事成功率是 1%，那重复 100 次至少成功 1 次的概率是多少？答案是 63%。去往人生彼岸真的没有捷径，曲折反复也许就是唯一能走的路。

出发，寻找

星象上说 2012 年是个多事之秋。象征着制约、磨砺和回归现实的土星缓缓进入了天蝎座，一切都是一场考验。玛雅人的历法推算到这一年便没了下文，众说纷纭的结果是世界末日会在这个时候来临，结果全面崩坏的不过是我的小宇宙。

我一路心伤，不知道未来在哪里，有一天我经过了一张海报。

那是一条在风浪中满帆前进的船："'青岛'号大帆船中国籍船员招募"。

那个时候，我已经在帆船俱乐部工作了五年，可是从来没有想到自己可以去远航。那条船在汪洋之中就像一座沉默的孤岛，脆弱的好像不可依靠，可又偏偏有一种倔强的力量透出来。我愣在原地，移不开视线，也迈不开双腿。一时间我想象自己就坐在那条船的船舷上，强烈的风浪冲刷着我的过往，没有一个人认识我。还有什么比一条船更能带我去最遥远的地方呢？

我想，这就是命运的安排，你在这个时候出现，我的诺亚方舟。

半年多之后，我拿到了朝思暮想的船票。一切看起来即将顺理成章的时候，母亲却突然病倒了，检查结果一出来，竟然是肝癌。

"环球这事儿肯定挺苦的，我希望你答应我，选择了就绝不能半途而废。我也答应你，好好配合治疗，等着你回来。"

我一句话也说不出来，我想说我一点都不想不去，可我知道那是

扬帆起航

一个巨大的言不由衷。近半年以来，我一直在她的病情和我的梦想之间挣扎着。她就像这样，张开她的羽翼保护了我一辈子，即使在她最虚弱的时候，依然选择替我做了一个我自己做不出的决定。

她意味深长地看着我，"去吧，你一直都是我的骄傲，我知道你一定可以。"

航行，准备

一大清早，圣凯瑟琳港口满满的都是从各地蜂拥而来送行的亲友们，四周全是欢呼声，汽笛声和告别声，船员们都聚集在船头同送行

的亲友船只呼喊挥别，喊得嗓子都哑了。一片喧嚣和热闹声中，我们的船解缆起航，我很羡慕他们有爱人可以吻别，有亲友可以拥抱，伦敦这么远，我从这里孤身起航。可这些欢呼声又好像鼓舞了我，我振起双臂，拼命地挥舞，好像我的老朋友们就藏在人群之中："再见了！好好保重！我也爱你们！"

在渐行渐远的送别声中，我们离港口越来越遥远，太阳的光芒从刺眼转为温和，海风柔和地拂面而过，陆地从繁华的都市大厦变为郊野的绿地，又渐渐地变成一片模糊的绿色，浪花拍打着船舷哗哗作响。我坐在船舷上，偷偷打量这群奇奇怪怪的人，从此就要和他们亲密无间，朝夕相处了。男女老少，我们被命运牵连到了一起，在一条船上荣辱相依。

水手，修养

在值班系统的四小时的支配下，人很快就变成了船上运行系统的一颗螺丝钉。虽然在上船之前，每个船员都经过了四个星期的培训，但是真的等到比赛开始都忘了个七七八八，我们就像刚过了驾考，第一天上路的雏鸡，胆战心惊。一方面我们都想表现出最好的自己；另一方面，又担心自己破绽百出。值班长就更不用说了，压力山大。不光要自己做对，还要一瓶子不满半瓶子晃荡地去照顾其他人。凯斯本来也不苟言笑，当上值班长之后就更是一副扑克脸。每天每个人脆弱的自尊心都提在嗓子口，而只有坚持到下值的时候才敢稍稍舒一口气。

导航一般由船长来定夺，组委会每天都会准时传来最新的 48 小时气象云图，船长就根据风力变化、洋流走向来制定我们行船的方向，同时还要考虑其他船队的相对位置来运用一点战术，这是整个航行过程中的高级工作，船长往往在导航台前一坐就是几个小时，反复地权衡航线。一旦他制定好航行计划，就会把航行角度传达给值班长，值班长负责管理甲板上的人员按照船长的计划来跑船，掌舵的要精准地控制航行方向，调帆的要不断检查船帆是否被调整在了最佳的角度。

因为帆船是完全依靠风动力前进的，所以如何用帆是核心技术。简单地说，为了维持船的平衡，风大的时候用小帆，风小的时候用大帆，风大到过载的时候就要缩帆或者降帆。换帆的过程很复杂，而每面帆少说也有几百公斤重，需要全体水手汗流浃背地协力完成。

而恶劣的天气总是说来就来，上午还是风和日丽的航行，到了下午就开始乌云密布，阴风阵阵，船紧跟着就进了区域性低气压，大浪从船头掀过来，把船头的人都打个尽湿。整个船开始上下左右颠簸摇晃得像筛糠一样，用不了半天，第一批船员就开始"牺牲"，劳伦斯跟跄地爬跑到船尾哇哇地吐起来，紧跟着其他三四个船员也开始轮流爬过去吐——吐的吐，萎靡的萎靡。

船舱里面也是一片狼藉，没有固定好的书本、衣服和各种小物件散落了一地，大家下舱的时候两手牢牢地抓住舱顶的把手上，摇摇晃晃的活像挂在树枝上的猴子。

白天已经很不容易了，夜里就更举步维艰。

凌晨一点半，我被从最深沉的睡眠中叫醒，感觉好像才睡下似的，心里委屈极了。夜里起床是最难的，每次都要和自己百般搏斗才能滚下床，摸索着收拾好床铺上自己的东西，同一个班组的人都在这时先后钻出睡袋，狭小的过道顿时挤得满满当当的，大家半睡半醒地一层层地往身上套衣服。在微弱的红光灯中摸索着从倾斜的内舱慢慢移动到外舱，套上防水服、救生衣，挂安全索，再排着队摸爬上甲板接班。

夜航甲板上是没有灯的，上值的船员在舱口两眼一抹黑地先把自己安全索挂到甲板上的固定带上，因为天黑，所以还要再喊一声"XXX on deck"（谁谁谁上甲板）来自报家门。

值班长做完交接，介绍一下他们刚刚值班的情况，船长新指示是什么，制水机终于不再漏水了，但是还请注意检查船底下水情况，最后一次日志是在30分钟之前记录的，看见一条路过的货轮，好在我们一如既往地及时反应没有撞上，我们的罗盘航行方向200度，对地航行角度180度，祝你们值班愉快！然后高高兴兴地带着他的班组下去休息了。

在驾驶帆船

交接班的嘈杂后甲板再次安静下来，值班的水手们找到相应的位置，再次检查好安全索待命。

漆黑的夜色在宁静中掩盖了一切，等眼睛渐渐适应这黑暗，一切开始露出清晰的轮廓。冷风把剩余的睡意吹得全无，整个人终于清醒过来。我站在船尾，看着这船在颠簸中似乎找到一种奇妙的平衡。我抬起头，一轮明月安静地守候在夜空，星星在黑暗的幕布上明明灭灭，好似在低语。那夜空何其广阔无垠，目之所及，几乎要撑碎裂了胸怀。这些美让我忘记了身上所有的湿冷和不适。风声，浪声交汇在一起。我们仿佛在无边的银色草原上起伏驰骋，我情不自禁地拉下面罩，让自由的风肆意地吹入发间，每一个细胞都呼吸到了这种自由。永恒变换的群岚，永恒变换的水浪，一首连绵不绝的催眠曲，让我忘记了来处，忘记了痛苦，忘记了时间，变成了这永恒画面的一笔。

冥冥之中，有谁说，一切匍匐前行的路途都是值得的。

少年派，世界

今天 GPS 上的数据显示：

北纬：7 度 20 分 766 秒　西经：25 度 27 分 729 秒

纬度 10 度以下，我们已经正式进入赤道无风带。

月亮还没有升起来，天上只有微弱不可企及的星光。四周是乌漆墨黑的一片海，乌漆墨黑的一条船和乌漆墨黑的一帮人，眼睛适应好半天才能借着微弱的星光看个大概的轮廓。风力弱，大家就都在下风处坐着压舷，我接替上个班的舵手，边开船边在清凉的夜风中清醒一下意识。天上没有可以用来导航的星星，我盯着罗盘上的数字晃来晃去，不时抬头看一下船头前进的方向，忽然就觉得余光中有什么亮亮的东西，我侧头一看是海中的荧光，和平时夜里常见的如翻花碎玉般小小的浮游生物的荧光不同，这次的足足有灯笼那么大，而且越聚越多，大大小小的点亮了整个海面！在船头压舷的船员发出一阵阵惊奇的赞叹声——竟然是船经过了一大片发光的水母和鱿鱼群！

太神奇了，我望向这些美丽神奇的生灵。在船尾两侧舵叶翻起的水花中，越来越多明亮柔软的水母被搅起，现身在黑暗的海面上，让我们的船自带了一条由成千上万条水母的荧光组成的远到天边的闪光航迹，它们像这无边黑海里自在悠游的巨大灯笼，没完没了地出现，整整五六个小时，目之所及全是它们梦幻般闪着荧光的柔软飘摇的光影。这样庞大数量的种群，在以人类不可思量的数量级存在着。在这无边的大洋里，在我们走过和还没有经过的几万里海路上，脚下这片神奇的大海之中还会有多少美丽神奇的生命，只是它们从未向我们现身罢了。想到这些，连心都不由地变得轻盈柔软起来。

我想起小时候喜欢看的《辛巴达航海历险记》，里面种种不可思议的场景和故事，现在想来或许其中有些许真实也并未可知。在这片无尽的汪洋里，有多少像这样奇异的生命和场景存在呢？水母奇幻的光这么微弱，照相机也好，摄像机也好，都没有办法捕捉成像，一切的神奇美妙都只能存在记忆里。

初遇，大考

我从酣睡中被喊醒，轮到我们组上甲板值22点到2点的凌晨班了。这一班是所有值班中最难熬的，午夜时候人的身体最困乏，这晚又偏偏密云满天，连半点星光也没有，黑得伸手不见五指。20多节的风呜呜地吹着，中号球帆被鼓得满满的，拖着船身暴走斜行。

航行对地角度235度，罗盘对应角度260度，风浪太大了，保持航向非常非常不容易，角度一高整个船就像被风吸住了一样，球帆迎风面马上就塌下去，用尽力气把舵向下风处打大半圈才能勉强掰回来，接着又要赶紧回舵，不然马上船头就大角度地往下风处掉，球帆一样会塌掉不说，还会因为再次返回迎风面鼓起巨大的力量，拖曳着一元硬币那么粗的球帆缭绳咣当咣当地抽在主帆和横杆上。我全部注意力都在罗盘上左摇右摆的指针上。船跑得飞快，30多吨的船在这暴风中像刀刃一样顶着风浪切开水面航行，船舷两侧不断掀起巨大的水花。我们组第二个舵手过来替换我的时候，我的两臂因为持续地紧张用力，导致整个后背的肌肉都酸痛得要命，甚至连脚也麻得失去了知觉。

然而，不出我所料，这一晚的折腾才刚刚开始。

"Vicky，去帮我把船长叫起来，我快要控制不住这船了！"凯斯低声对我说。

我连摸带爬地从甲板上穿过，下舷梯经过船员寝室到导航室旁的船长床位上，我的手刚一碰到他他就醒了，像个弹簧一样地跳起来。（估计球缭甩在甲板上"邦邦"的声响让他心里有准备了）我简短地和他汇报了一下航行的情况，他二话没说，套上航海服就跟我上了甲板。

"降球帆，升2号大三角帆。"船长下达命令。

之后的两个半小时，我们组的几个人就借助着微弱的光线开始行动。由于风浪太大，单单是走动都已经很困难，更不用说再加上几百斤重的大船帆。几个字的命令操作起来谈何容易！

船长掌着舵，我和Keith另带了几个船员就上了前甲板。船首挂帆艰难异常，船头在水中时上时下，我们在倾斜的甲板上凭着人力扯着沉重的船帆上的铜扣，一个一个挂靠在前支索上，仅仅挂帆就费了半个多小时。这和培训时风和日丽的条件简直天壤之别！

整理风帆

我们一直干到另外的班组起床上来给我们搭把手，两组人合力才算把命令执行完。

下值，人已经累得筋疲力尽，海水从手腕和脖子灌进去了不少，连内衣也湿透了。我挣扎着换了衣服爬上床，头发还是湿漉漉的。熊猫欢欢关切地看着我，我摸摸它的头说："这个期末考试还真是厉害呢……"

蜷缩进温暖黑暗的睡袋里，我想，这该算及格了吧。

然后，只一秒就昏睡了过去。

结束，之后

一年的航行，看遍世界各地的海。以后再去看海图，每段弯弯曲曲的线条从此都被填满了不同的故事，那些象征海洋的空白，一条小船曾经丈量其上，那些空白从此不再是一无所有，而是无数的挫折与欣喜，绝望与希望。

人生可不可以有一百种可能？

完成环球的航行再回头去看，依然会对命运的阴差阳错感到不可思议。我是个家境平凡的姑娘，出生在海边的小城，上中学，上大学，然后因为一个偶然的机会爱上帆船。至于到后来去环球，也是几经波折，没有母亲和很多人的帮助，我哪里能够完成？我从来不觉得自己特别勇敢，我甚至天生羞涩而且泪点极低。

相比于这个陆地的世界，船上的世界更加的单纯，有些虚幻。它像一场虚拟现实的电子游戏，有自成一派的规则和逻辑，有考验也有奖赏，有受伤也有死亡。你在那里参加试炼，然后把一些东西带回现实世界里，成为自己的一部分。环球的过程很苦，苦到每个人在风暴里都要责问自己一万次，我究竟为什么要来？每年报名克利伯去环球的船员，最后都会有接近一半的人因为种种原因中途退出——伤病，抑郁，家庭变故，放弃。

网上有人曾经计算过一个概率的问题：如果一件事成功率是1%，那反复100次至少成功1次概率是多少？——答案是63%。看似小概率的事情在反复尝试中成功率会不断提高，不断地坚持会得到令人惊讶的结果。我敬重的郭川船长曾说过这样一句："我在海上哭的时候，比在现实生活中多得多。"

也许，那些所谓的勇敢的人，并不是从来没有感受过脆弱，而是哭完了，歇一歇，回来再做一遍。

如何成为想要成为的那个自己？

也许，答案是：63%。

宋坤：1982 年出生，2006 年毕业于山东财政学院（现山东财经大学）日语系，熟练掌握英语、日语及播音主持技能，帆船项目国家一级裁判员。她参加过 2011—2012 克利伯环球帆船赛跨越大西洋段（纽约—英国）的比赛，并在 2013—2014 克利伯环球帆船赛中完成全程比赛，是中国第一位完成帆船环球航行的女性，同时是 2013—2014 赛季官方形象代言人之一，是 5 位形象代言人中唯一的亚洲面孔。

航海给了我最宝贵又最精炼的人生教育

徐京坤

我曾几次受邀写自己的故事，但"梦想"号的环球正在最后的关键航程，为了保障航行，工作繁多，就拖到了现在。自己这短短二三十年的人生，十五载的帆船生涯，回想起来真是千言万语，却不知该从何说起。

我的故事各种曲折，或许有一言半句，希望能够给同样困于生活的你一点点力量。

没有左手，山里孩子，学历不过初中，这些我拥有的先天资源，离普通都还差一大截距离。

但很快，我就要开着我的"梦想"号在地球上画下一个完整的圆了，三年多的时间，航行三万多海里，跨越了三大洋，40多个国家和地区，这是咱们中国人第一次用双体帆船实现环球航行。

我相信每个人都有一个英雄梦想，做不成万人的英雄，就做父母、妻子、儿女的英雄。我相信，每个人都有拥有梦想的权利和实现梦想的能力。

他们说：这孩子废了

我是个山里孩子，出生在大泽山西麓，岳石河畔的小村庄里，据说大泽山曾是海中孤岛，唯有扬帆才能通行来往，这点儿虚无的古老传说，大约是我小时候跟帆船的唯一连接。

12岁的一场意外让我失去了我的左手，当被抬上救护车的时候，我还清晰地听到"这孩子，废了"。这可怕的梦魇曾一度让我绝望。

我在山水间肆意撒欢无忧无虑的童年，像来不及减速就紧急刹车的绿皮火车，那样突兀的戛然带着令人不安的巨大噪音，诸如未来这样庞大、渺茫得让人心生恐惧的词汇，

徐京坤小时候

如四溅的火花般闯入我的脑海。这些细碎的忧虑和慌乱，我不知道该跟谁说，因为谁也不能给我答案。

与别的青春期少年不肯遵循父母安排的人生道路的叛逆不同，我的父母同样不知道我的未来在哪儿，甚至他们也隐隐认同着村民"这孩子，废了"的论断，并且基于此盘算着我的未来。

那时，我只是一个十二三岁的孩子，关于未来，我能想到的，也只有我体育特别好，跑得快，踢球也不错，当一名足球运动员曾经是我的梦想，可是青岛足球学校的学费却是我的家庭承受不起的奢望；我崇拜军人，可是少了一只手，部队的大门也不会向我敞开了。

人家说，青春就是因为未来有无限可能而美好，而我的却是所有的死胡同早早现形，那些可能性却缥缈得不见踪影。

在那个时候，长期的药物治疗让我的身体臃肿不堪，我不知道我还能做什么，我只知道不能再这样活着了。

从学校回家有十几公里的路，我买了沙袋并把它们绑在腿上，每周末这样跑回家，周一再这样跑去学校。慢慢地镇上很多人都知道我，那个特别能跑的孩子。

跑出大山

16岁那年春天，我接到了去体校训练的通知，这简直是通往未知未来的一束救命稻草。虽然那未来依然晦暗，瞧不出模样来，但这至少是漆黑的当下里唯一一点光亮，我欣喜若狂地死命抓住，哪怕那稻草满是荆刺，扎得我鲜血淋漓，也不敢放手。

尽管在别的领域里，我永远少半条胳膊，但在田径场上，我跟别人一样都有两条腿。除了在这条路上坚持下去，面对生活，我不知道自己还能做出怎样更有力的挣扎。

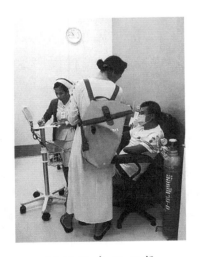

训练结束后吸氧

没有什么循序渐进，生活一甩手就把我丢进了一群有几年经验且健全的老队员中间，每天跟比自己大几岁的高中生一起进行高强度的体能训练。训练完，趴在地上干呕，除了水什么也吐不出来，眼前发黑，人就好像瘫在河滩上的鱼，只剩下了呼吸。

回到住的地方，什么也不想干，饿着肚子瘫在床上，一觉睡过去。第二天早晨起来后，我感到全身上下没有一处不疼，几乎起不来、动不了。可是，我知道，必须起床去训练。

我感受到教练和队友对我的怀疑，不敢显现出哪怕一丁点儿的退缩，因为我知道，只要自己透露出一丝一毫的累、不行，所有人就会顺理成章地肯定心中对我的不信任，让我离开。

没有人能够穿越时光，回到那年夏天，去轻轻拍拍煤渣跑道旁那个鲜血淋漓的少年的后背，告诉他，你不必惶恐，也不必迷惘，抹去心头的泪水，生活给你准备了丰盛的筵席，尽管未来仍旧许多凄风苦雨，可是你将一如既往地凭着自己的勇敢、倔强和坚韧闯过去，闯进一片更广袤的山海水天里去。

秋风起时，带走落叶，也带来了果实，我被选调进了省队，备战第二年的省运会，后来又被推荐试训国家自行车队。

19 岁的奥运

历史上有很多活得汪洋恣睢的年轻人，20 出头已经写下不少恢宏篇章，纵横捭阖、折冲樽俎，抑或射石饮羽、白鱼入舟。我从不奢望这样的故事发生在自己身上，而 2008 年作为青岛残奥代表团的旗手、残奥军团最年轻的小将，我在奥运赛场度过了自己 19 岁的生日。我的 20 岁，有着极其光明的开场，好像过去几年的全部混沌都骤然散去。

17 岁那年春节，准备年后就去国家自行车队报到的我，接到了一个改变人生的电话，就是从那一刻起，汪洋大海沿着一根小小的电话线，奔流而至。

为了 2008 年残奥运会，国家成立了残疾人帆船队，问我有没有兴趣参加选拔。我问人家，什么是帆船，对方表示也不知道，让我自己去查查。于是我同帆船的初遇，便从人生第一次来到网吧去搜索什么

参加残奥会选手合影

是帆船开始了。

作为一个运动员，有机会加入国家队当然是一种巨大的诱惑，但现实比我想象的更严苛。到了日照训练基地，我发现这里已经聚集了来自射击、举重、田径等各个项目的优秀运动员七八十人，最后只会有六个人能代表中国参加残奥会。

从去年5月开始，他们已经集结训练快一年了，我这个别人眼里的小屁孩毫无优势可言。队里竞争十分激烈，每隔几天，就有人被淘汰回家。我是铁了心不能再往回退了，我害怕退回到昨天，退回到那混沌的、漫无目的的日子，所以记忆里每天早上起床的第一件事就是躲进卫生间告诉自己如果你今天做不好，失败了，明天就留在海里不要回来了。

在学习

刚开始训练，我尚没有总结出属于自己的技巧，也不会借力，训练时只能调动应急反应中的一切身体器官一起去生拉硬拽，常常是手嘴并用，训练完不但一手水泡，嘴唇也是破的，牙根都疼得发酸，前几日磨出来的泡还未结痂，就又磨出新的水泡来。后来自己当教练，有人说只要看到单手打绳结的，就知道是徐京坤教的。在国家队那会儿，训练完回到宿舍，只要手空着，就一遍遍地练打绳结，一直练到熄灯，后来熟练得闭着眼睛也没问题，熄了灯还可以继续练。

运动员有时候很被动，总是要被拣选，我以后有孩子一定不让他做运动员（至少现在是这样想的），但当时的我只有一个念头，我必须留下来。结局你们已经知道，后来，我终于站到了奥运赛场上。

那年冬天的中国海

奥运会之后，国家队就那样悄无声息地解散了，我关于未来的想象都变成了失效期刊，未及出版，已然作废，生活没能在转弯前给一丁点提示，好似爬山爬到了一半，兴冲冲地望着顶峰暗自计划时，面前的山峰竟忽地轰然倒塌。奥运很短，生活却很长，如何找到赛场外在现实生活中的位置，大约是所有运动员面临的问题。因为金牌不能弥补生活，荣誉和声望转瞬即逝。国家队解散之后，我一度迷惘，好像曾经的光亮只是混沌生活里的一段海市蜃楼，我尝试了各种生活的可能，可是守着一摊生意，日复一日地过着喝酒、吃饭、赚钱的往复生活，总觉得这不是20岁的我想要的，隐隐地生活里还有什么在召唤我。

如果黑压压的无望生活里尚存有一处让我得以自在喘息的空间，便是去参加帆船比赛了。那期间，在国家队时结识的老哥哥翟墨环球回来了。原来除了奥运会，帆船还有这样的玩法，还可以去跨越汪洋，甚至一个人行走整个地球。我第一次知道了世界上还有艾伦·麦克阿瑟这样的人物存在，还有单人环球比赛存在，那一天的下午，新世界的大门终于向我敞开了。

"我要去环球！"

环球航行不是一蹴而就的事，我决定先从环中国海航行开始。歌德说，不要怀有渺小的梦想，它们无法打动人心。而单人环中国海航行这个让自己心头激荡的梦想，却成了说出来就注定被嘲笑的妄言。人们嘲笑的从来不是梦想，而是你实现梦想的实力。大部分听到的人都是否定的态度，亲近的人当面劝劝，别去冒这个险，搭上命不值得；不熟悉的人背地里冷言冷语地嘲讽两句：那个不知天高地厚的山里人、穷小子、残疾人，竟然想环球，

收拾帆船

徐京坤与"梦想"号合影

想环中国海，这也是他能做的梦吗？

那个时候是中国大帆船刚刚开始起步的时候，没有任何人可以相信我能做到这样的事，但现在我都理解了。

2012 年，9 个月的时间里，我把一条 25 年老的报废的 24 英尺近岸巡航帆船修理改造好，从青岛到丹东，再从丹东去西沙，在 23 岁时，我成为第一个实现最完整绕中国海航行的中国人。

如今的我，可能再也体味不到当日那般的悲壮心情了。已然独自跨越了几片汪洋，从青岛出发航行几百甚至几千海里，都再不是什么前程未卜的艰难航路，但如若没有那一日告别故乡地平线的决绝，大约便永不会有后来那个跨越汪洋的我。我觉得什么是勇者，不害怕的不是勇者，畏而不缩，即使双腿打战，仍然坚持迈出那一步，才是勇者前行的方式。当你把自己的安全感全然抛在身后，不带任何防备地闯进未知的世界，那里就成了任由你书写的白纸，你走一步，世界就大一点儿。无论多少年过去了，我总记得那年冬天我徘徊在街头被无数次拒绝后，代老和邵老两位恩师打电话对我说的："孩子，再坚持坚持！"如果不是当初的这句话，恐怕我就不是现在的我了。如果说我过去三十年有什么值得骄傲的时光，那就是那一段日子吧，为了一个梦想，放弃所有，单纯地努力，每天工作十几二十个小时，吃着盐水拌面，窝在一个阴湿狭窄的小船舱里生活，可是那么充实，那么有奔头，那么快乐，每一天都是新的，每一天的自己都是进步的。纵然有一千种痛苦，生活仍然值得被热爱，它舍得让你悲如千针入骨，也舍得让你乐上九霄云外，生命里那些曾经的曲折磨砺，在后来都成了一种养分与能量，若不是走过这样的时光，好像就不会遇见那些别人可能求之却也不得见的美景。航海给了我最短暂又最精炼的人生教育。

一个人的大西洋

2013 年，环中国海结束后，我就留在了三亚成了帆船教练，过了一段安生的日子。2015 年，我和第二条"梦想"号，站在了法国迷你横跨大西洋极限挑战赛的决赛战场，这是世界上最具挑战且最艰苦的单人横跨大西洋比赛。

它是什么概念呢？大致是相当于一只蚂蚁乘着一片竹叶绕着西湖跑 6 圈，绕着故宫的护城河跑上 20 圈的意思。我离开中国，远赴欧洲，两年时间，终于九死一生地在全球 300 多名职业选手中积分进入前 70 位，拿到了决赛门票。而且这个比赛禁止使用任何的机械动力，禁止携带通信设备以及任何现代导航、气象等科技装备，4000 多海里的航程完全依靠最原始的天文观测导航技术。不用说航行，单单是一整个月你将丧失跟这地球上其他人类的一切联系这件事便不那么容易了。我的第二个"痴人说梦"：MINI

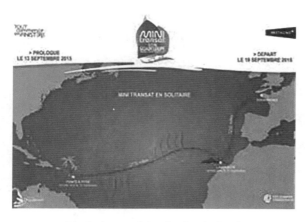

横渡大西洋帆船赛路线图

TRANSAT 650 级别单人横跨大西洋帆船赛，是世界上难度系数最高的单人航海极限挑战赛之一。从 1977 年开始，至今已经举办了 20 届，来自全球 33 个国家的 896 名选手参与其中，一个独臂选手都没有，曾跻身决赛的亚洲选手也只有两人。

独自一个人驾驶 6.5 米长，重不过一头牛，大不过一辆车的小帆船，横跨整个大西洋，去对抗十几米的巨浪。为了一张决赛门票，许多选手为之努力三五年，甚至七八年，十余年也有。每隔五年，一切资格积分失效清零，又得从头再来。

每年的资格赛数量有限，要拿够 1000 海里的积分，通常需要用两年或者三年，而一旦报名成功，如果想参加当年的比赛，就必须拿到每年全球只有一个的 DCQ 资格，针对优秀的外国选手提出的特别日程。在 6 月 30 日前提交所有资格材料，也就是在三个月内参加 MINI 的所有比赛，每一场都必须毫无意外地拿到积分，并且最后的成绩在五年以来等待参加比赛的申请者中要排进全球前 60 位才有机会站在决赛的起航线上。

我记得，整理完所有参赛条件时，我问了阿九："你觉得有可能实现吗？"她说："恐怕只能说理论上可行，不但船不能坏、人不能病，天气也不能出问题，一旦有一场比赛取消或者缩短赛程积分，就一切都结束了。"那一年，我住在高不过一米五、面积不到两平方米的小船 529 里，除了训练，就是

驾驶帆船

比赛、学习、考证，度过了多少个不眠之夜。冬天的布列塔尼，早上总是会被冻醒，没有人能告诉我一只手怎么驾驭这条世界上最小的跨洋船只，一切只能靠自己去摸索，我记得完成最后一场资格赛的时候，德国媒体的报道里说："谁也没想到，做到这一切的是一个看起来很随和的中国人。"

单人极限远航是航海运动中的一个独特领域。单人远航的夜里，就像独自一人被丢进了一个巨大的荒野，而荒野之上你尚且可以攀爬行走，或者原地等待；可是在大海之上，一旦脱离了这条小船，你活不过三五天。

记得就在两个月前，为了拿到最后的积分，我冒死顶着暴风闯北爱尔兰，险些被冻死，我自己在海上就问老天爷："老天爷啊！我到底做错了什么要让我忍受这些痛苦，我无比思念我的家乡和家人！"

离岸航海或许更像是一场逃离、陷落之后，再坚强归来的涅槃。船长们经历离别、战斗，死里逃生，然后重逢，每一步都是与自然和自己斗争的踽踽独行，离岸的船与到港的人都分明不同了，如同有句话说的，每一趟旅程，都会生一次，死一次。

与国旗和帆船合影

2015年12月4日，我回到巴黎，参加船展上的颁奖仪式。一年前的同一天，我第一次来到这里，一扇通往梦想的小窗被打开，一年后的这一天，梦想成了现实，从原点回到原点，就好似从一个起航来到下一个起航。人类历史上，第一次有一个独臂船长，用 6.5 米的小船跨越汪洋，我来自中国。

坐着公交车去参加世锦赛

2016 年，我回到中国，继续教练工作。对于航海教育，我一直希望能兼容并蓄，取各家之长。在法国比赛期间，我顺便去学习并获得了法国帆船联盟 FFV 系统和英国 RYA 系统的中国第一张 YACHTMASTER OCEAN 等航海执照，跟自己执教多年的美国帆船联盟 ASA 系统比较借鉴，希望给我的学生们最好的教学。2017 年应国际帆联邀请，我去德国参加基尔帆船世锦赛，跟 2007 年国家队领队、教练安排好一切带我们去美国、加拿大参加世锦赛不同，这一次，我是以个人身份代表国家，没有领队，没有教练，自费参加世锦赛。

为了节省预算，我没有住在场馆酒店，每天自己坐着公交车从市中心去赛场，自己做早餐。每场比赛结束后，别的选手都是教练用动力艇拖回去，我得自己一点点划回港口。Hansa303 是一个我从没接触过的船型，比赛前一天才从当地俱乐部租借到一艘旧船。这次比赛来了 4 个奥运冠军和 6 个世界冠军，竞争十分激烈。我第一天成绩很不错，第二天比赛竟然被对手投诉，恶意罚分，没有团队跟裁判抗衡，无奈只能认罚。

最后因 2 分之差，我没能带回一块奖牌，只得了第四名，但也让我意识到，其实我们中国的运动员跟世界领先水平并没有那么大的差距，只要

我的第三条"梦想"号

有系统训练，站在领奖台上并非多么遥远的梦想，未来，我希望能有我的学生代表中国站在那里。

一万次想要放弃的时候，
却选择一万零一次的继续

我理解的一个水手真正的内心独白就是："一万次想要放弃的时候，却一万零一次地选择继续。"

2017年的世锦赛我虽然没能带回一块奖牌，但是比赛之后，我得到了一份大礼。经过两年的全球搜索，我们终于在土耳其找到了一艘完美的双体帆船，高级离岸配置，24小时专业船长打理，从未换过船东，停泊在最好的游艇会里，她正是我想要的第三条"梦想"号。

这个原本计划退休再做的梦，经过多少年的策划和筹备，因为各种原因竟就这样开始了。

从2017年6月从土耳其起航到今天，还有四个月，我们的环球航行就要结束了，用航迹在地球上划下完整的圆是一件神奇的事情。这三年里，我学到了很多东西，虽然我无法欺骗你说，环球航行是一件只有美好的事，但即使有许多周折和辛苦，多年后回想起来，你也一定会觉得这一遭走得值得。

在我们的赞助商和我的家乡——青岛的支持下，三年，"梦想"号航过三万多海里，跨越了大西洋、太平洋、印度洋，走过四十多个国家和地区，见过天堂，也踏过地狱，遇见各色的人和他们的人生故事，这样的珍贵体验，我不知道这辈子还有没有第二次。

最后给大家说说为什么要环球？

别的语言的环球航行资料，一抓一大把，唯独咱们中文环球航行资料还是空白，这也是我们遇到的最大的问题。我希望能通过这次环球，把这一路我们的经验资料整理成第一本中文的环球航海路书，帮助更多的中国航海人走得更远更安全。

我在乘风破浪

单人不间断的环球梦

帆船之于我，不只是一饭一蔬的安身立命之本，更是暗夜黑海之上指引方向的灯塔。一路带着我从群山走向大海，闯出一片连我自己都无法想象的人生。还有一小段弧线，我的环球巡航之旅就要完成了，我的梦想依然在继续。接下来，我希望可以挑战单人不间断环球航行，在世界单人极限航海的殿堂里，加上中国人的名字。我知道这很难，是要命的难，各种难混在一起的难，甚至会无法实现，但至少我知道我尽了最大的努力。

听说人的一生会有三次成长：第一次是发现自己不是世界中心的时候；第二次是发现有些事情自己力所不及的时候；第三次就是即使力所不及却依然倾尽全力的时候。李安的航海顾问史蒂芬·卡拉汉在他的《漂流：我一个人海上的76天》里写过这样一段话："对待远洋航行，不为前途未卜而担忧，不为未来的死亡所要挟，像新点燃一支烟或者新开启一瓶陈酒那样欢欣，前赴后继地赶向新大陆……无论或吉或凶，他们总是先做好准备尽善尽美，笑对一切，剩下的，就交给那神秘莫测的命运之神来仲裁吧。"

这也是我喜欢航海的原因之一，大海让我深刻地感知到自己的渺小。到了海上，除了你的船，你一无所有，一切陆地上的烦扰忧愁也都变得那么微不足道。有人问我是不是理想主义者，我是农民的儿子，不懂什么风花雪月下里巴人的不同，也不知道理想主义和现实主义有什么区别。做该做的事儿，学好帆船，做好教学——这是我，一个职业运动员和帆船教练的责任，也是我的梦想，不是什么主义。今年大年三十，我的庆祝方式是在开普敦又报了几个航海课程，跟好望角旁的航海人交流交流教学方式。在这里我祝咱们中国的航海人：新一年，好风上青云，扬帆济沧海。

徐京坤：1989 年出生，帆船运动员，12 岁时由于意外失去了左前臂，曾代表中国残疾人国家帆船队参加 2007 帆船世锦赛、美国锦标赛、2008 残奥会 SONAR 三人龙骨帆船项目。

"帆船之都"青岛城市品牌宣传推广形象大使，徐京坤航海运动学校校长。世界上第一个完成环中国海以及 MINI TRANSAT 650 级别单人横跨大西洋帆船赛的独臂航海家，至 2020 年 6 月完成环球航海之举，已累计航行 11 万海里，是世界上"航行最远的独臂船长"。

四十年，与中国帆船共成长

写在前面

从运动员到协会负责人，40 年，她与中国帆船运动共成长。如果说人生分上半场和下半场，那对于张小冬来说，她的上下半场都是帆船，不同的是从前是作为运动员，而现在是作为领导管理者。她常说帆船是一项终身运动，对她自己来说更是如此。在人生的上半场，作为一名运动员，长期激烈的比赛环境教会她追求卓越和永不服输的信念；而在人生下半场，这种信念也延续至今，一直伴随在她的个人生活和事业工作中，激励着她乘风破浪，更好地和中国帆船大家庭的成员们一同推动中国航船运动不断向前。

机缘巧合：与帆板的故事开始于 1981 年

1979 年以前，中国还没有帆板运动，但自 1980 年初，中国帆板运动出现并且快速雄踞亚洲之巅，进而勇夺世界冠军，令诸多强国瞠目，张小冬是见证者，也是辉煌历史的创造者之一。

一切的故事要从 1979 年的那个冬天说起。

1979 年 1 月中旬，时任国家体委航海运动学校航海多项运动主要教练的王立桌上收到北京、广东、福建、上海、安徽、辽宁等多个省市航海学校教练员的来信，这些来信都不约而同地述说着一件事：强烈要求航海运动学校能够将帆板运动开创起来，推广到全国去。

克服困难，迎难而上。在当时，要开创中国帆板运动的第一步就必须先解决帆板器材问题。就这样，从设计帆板图纸到制作模型，再到帆板实物的研究性制作，历时三个月，1979 年 6 月 5 日，第一条帆板器材试制成功。6 月 8 日，青岛汇泉湾东海饭店附近的小海湾沙滩上，试制成功的第一条帆板第一次下水试航。此后的 6 天时间里，在经历摔下 400 多次后，6 月 15 日，中国第一条帆板在青岛汇泉湾上第一次行驶了 200 米，帆板器材试验终于宣告成功。

这之后，驾驶技术也陆续得到突破，对帆板的宣传推广和普及发展也提上了日程。1980 年 9 月 10 日，全国帆板教练员训练班在青岛航海运动学校举办，来自全国共 14 个地区的 32 名人员前去学习和培训。首届训练班结束后，全体学员联名写信给当时的国家体委，要求将帆板运动列为正规全国比赛项目。信件被带到北京

研制成我国第一条帆板的王立与板体合影

后，仅仅二十天，当时的国家体委主任办公会便决定帆板运动立项，同时还决定于1981年8月在青岛举办第一次全国比赛。这是为开创我国帆板运动迈出的关键一步，也为我国帆板运动的发展打开了广阔的天地。

1981年8月，全国第一次帆板比赛如期在青岛举行。同年，张小冬开始了自己的帆船之旅。

张小冬与帆船的邂逅源于机缘巧合。"1981年我高中毕业没考上大学，想复习一下，第二年再考。当时广东射击队来我们学校选人，我没选上，因为我始终搞不清楚怎么能瞄成一条线。但是帆船队在射击队填表人员的名单里面找了我们几个人，那个年代通讯不方便，刘木荣教练是专门到家里来找我的，就说你去练一下帆板试试。特别巧，我前一天晚上看电视，看到广东台在介绍这个项目，我和我妈妈说了一下，就过去了。就这么巧，绝对是缘分。"张小冬说。

在射击上完全摸不到门的张小冬一开始就展现出了惊人的天赋，别人第一次上帆板站都站不稳，她不仅能站稳，而且还能跑出去很远。"我们第一次去体校的时候，好像当天风还挺大，在游泳池里面，我第一次下水，可能也平衡条件比较好，也可能是原来有体育基础。"

就这样，张小冬和一批从田径、篮球"跨

张小冬（左一）和广东队教练
查耀宗（右一）合影

界跨项"来的队友一起，在湛江开始了她的运动人生。

天生帆板人：练帆板三年便拿到世界冠军

彼时的中国帆板事业刚刚起步，全国练帆板项目的人寥寥无几。训练条件就更别提了，"太艰苦了，我们在湛江海滨浴场那边训练，它的涨退潮有两百米，没有码头，退潮以后全是淤泥，所以我们只有在涨潮的时候才能出去，退潮之前都要回来。那时候的训练都是业余训练，给到业余队的器材也是比较落后的，一共就两条板，我们的板是木头制的，会进水。那时候的技术不过硬，出去跑半个小时就必须得回岸，不然水就基本满了。"张小冬回忆。

就这样训练了两个多月，张小冬的假期结束了，在她纠结是回去考大学还是继续练帆板的时候，一场省内比赛为她决定了"前路走向"。"那时候的水平连迎风转向还不知道怎么转，就会跑直线，就那样晃过来，然后再跑、迎风、横风。刚刚起步，没有人可以做示范，到了汕头省队才知道原来迎风转可以这样转，迎风转向、顺风转向都是现学现卖。"现学现卖的张小冬竟然在那次比赛中拿了第三名，后来她就留在省队集训，正式开始了她的运动员生涯。1983年全运会，张小冬拿到第三名，正式进入国家队。

从1983年冬季到1984年春季，张小冬在海南进行了艰苦的集训，最终效果很好。在冬训后我国先后参加了泰国和菲律宾两次亚洲范围的赛事，两次比赛都获得了男女冠亚军。张小冬不仅在两次比赛中都获得女子冠军，还在泰国比赛中获得四项第一，成为亚洲帆板运动升起的一颗新星，引起亚洲各国帆板界的关注和仰视。"那时候帆板在亚洲开展得并不普及，我入选国家队后，仅仅用了很短的时间就去参加了比赛。"张小冬回忆。

没过多久，这颗新星不止让亚洲瞩目，还很快地代表中国耀向世界。1984年9月，当时的国家体委业务部门决定派国家帆板队参加12月底在澳大利亚佩斯市举行的第十四届帆板世界锦标赛。这是张小冬第一次真正走出国门，代表国家参加世界最高水平比赛。

"那时候有几十个国家参赛，外国人对于我们能参加帆板项目的比赛感到很惊讶。我们当时去了六个人，两女四男。我还记得当时澳大利亚报纸大篇幅地报道中国队，认为这是一件惊奇的事。彼时中国刚刚改革开放，华侨对改革开放后的中国也都很好奇，很支持我们，终于有自己的国家队了，他们给了我们很多帮助和关爱。"和许多运动员第一次参加世界比赛取得一百多名的名次相比，张小冬的第一次世界大赛却异常顺利。"有二三百条船在一起比赛，起了四次航，因为太多船抢航，经过前几次的起航失败，我觉得我不能在大群体中起航，所以我最后选择了一个最上风起航，一起航转向就摆脱了那个大群体，我觉得这个选择还是蛮成功的，那天我第一名。"张小冬说。这次比赛，张小冬一举获得女子帆板场地赛和长距离赛两项冠军，为我国在世界大赛上获得了第一枚帆板项目金牌。

张小冬得第一名震惊了国外选手，当时还有个有趣的故事，加拿大的世界冠军卡罗兰在张小冬之

1985年1月在澳大利亚举行的世界锦标赛中
张小冬获得女子三角绕标冠军

后二三十米才冲线，被张小冬远远地甩在身后，当时冲终点第一名要有鸣笛，卡罗兰冲终点以后一看没鸣笛，就找裁判理论去了，裁判告诉她，在她之前一个中国选手早就冲线了。这样一说卡罗兰更不服气

张小冬（右三）获得第一个世界冠军回到广州

了，她在整个航程中就没有看到张小冬。"她是不是没有绕标，她是不是漏了标？"后面七轮的比赛，卡罗兰始终没能战胜张小冬，这回她是真的服了，"她过来祝贺我，后来我们成了非常好的朋友。当时的报道真是挺多的。"

这次比赛让中国女子帆板站上了世界之巅，不过，此后的两年间，由于女子帆板一直没有被列入奥运会和亚运会的比赛项目，所以国家队一直没有对女子帆板运动员进行集训，也没有再参加任何世界比赛。这样的状况一直持续到1987年秋季，国际奥委会计划在1992年巴塞罗那奥运会将女子帆板列入比赛项目，这时的中国女子帆板队才恢复集训，彼时摆在面前的重要赛事是1989年西班牙女子世界锦标赛。

"那时的我们已经几年没有参加女子世界大赛，不知道世界女子帆板已经达到了什么水平，我们面对的是生疏的场地，生疏的器材。"1989年西班牙女子世界锦标赛如期进行，比赛前一天统一发放帆板器材，这种帆具是中国队前所未见的新型器材，"我们甚至不知道如何组装，那时王立教练和翻译去找外国运动员请教，但却碰了壁，

外国运动员对我们不屑一顾。"不过这反倒激发起张小冬强烈的自尊心。"我们观察欧美运动员如何组装帆具并很快就明白了各种部件组合的方法和原理。"张小冬说。就是在这种连对竞赛器材都不熟悉的情况下，张小冬和队友李科、陈维芳囊括了比赛的前三名。

而此后的 1992 年巴塞罗那奥运会，因使用帆板器材的原因在连续经历奥运会赛前系列世界级国际大赛成绩不佳后，张小冬更是顶住压力，一举拿下宝贵的奥运会银牌。这是一块重量级的奖牌——是中国乃至亚洲第一块奥运会帆船项目奖牌。

回忆起这段为国争光而奔忙的日子，张小冬感到很自豪。1993 年，为国家帆船帆板队征战十年的张小冬退役。

航校 20 年：换个"赛场"陪伴中国帆船发展

虽然张小冬在巴塞罗那奥运会上拿到了帆板项目的银牌，但是当时的中国，并没有多少人知道帆船这个项目。"我拿冠军之后，很多朋友都来问我，这个项目是什么。我只能解释，一个板，一个帆，国内几乎没有太多报道，大家也都没见过器材。"

当时帆船帆板在国内是非常小众的项目，一没有普及，二没有大众参与，全是专业队，注册运动员也不过区区几百人。"还记得我们当时在青岛海边训练，会有个别的外国人对船很感兴趣，问我们这个是不是可以租，中国人很少有人会驻足。那时候普及和推广基本上是零，因为在整个大环境下，大众消费水平和个人的消费水平没有达到，没有这样的平台给他们去体验，所以各种原因造成项目只能在体校、省队、国家队范围来开展。"张小冬说。

退役后的张小冬开始转型参与帆船项目的管理工作，她把自己对帆船项目的热爱，全身心投入到中国帆船事业的发展中。20年里，她先后担任了广东帆板队教练、国家体育总局青岛航海学校副校长。

2001年申奥成功之后，一部分海归、高收入群体逐渐开始进入帆船领域，但是帆船给人的"技术门槛高""危险""昂贵"的印象依然没有转变，从事的人群依然很小众，中国的大帆船，用两只手差不多就能数过来。2006年，青岛开始举办奥运帆船测试赛，帆船这个项目才慢慢地走入了人们的视线。"整个中国在那时都是属于起步阶段，但是随着申奥工作在青岛的推进，不管是帆船运动进校园、进社区还是千帆竞发活动，都做了大量的推广、普及和宣传工作。首先很多青岛市民和青少年开始接触帆船，很多人认知帆船，2006年是中国帆船的起步，是很多人认知的开始。"

2008年奥运会在中国举办，她参与并负责青岛的奥运会帆船测试赛以及奥运会竞赛管理中心的行政管理工作，为奥运会帆船赛竞赛中心顺利运转做出了突出的贡献。

新航程：走出舒适区开始新挑战

2017年，张小冬的人生又发生了重大转折。国家体育总局领导找到张小冬谈话，希望她在单项协会实体化改革过程中发挥优秀运动员的专业优势，担任中国帆船帆板运动协会主席一职，组建班子，带领中国帆船承前启后、稳步发展。

"刚刚和领导谈完话的时候我也一度有点迷茫，到底是去，还是不去。"张小冬说。多年运动员的生涯养成了不怕困难的性格，家人的支持让她做了最后的决定：去！她收拾行装，孤身来到北京，接受新的职务：中国帆船帆板运动协会主席。

中帆协从最初的几个人慢慢发展起来，招兵买马，从水上项目离开去了足球的刘卫东回来了，她过去的队友苏科从水上中心过来了，总局系统几位中层干部抛弃了"铁饭碗"来了，一些社会专业人才也被帆船事业朝气蓬勃的发展势头所吸引，来到协会。慢慢地，中帆协的大家庭越来越壮大，有合作伙伴、器材商、媒体服务商、内容制作团队、网络技术团队……"在这个过程中也离不开总局的支持。"张小冬说。

张小冬与国际奥委会主席巴赫

除了抓紧国家队训练，张小冬把很大一部分精力用到了帆船的普及上，协会实体化以来，中国大众帆船发展迎来了春天。国家体育总局经济司司长刘扶民在2020年体育大生意年度峰会中特别提到"帆船帆板体验人次超过500万"，这个数字表明，中国帆船运动正在吸引越来越多的参与者，受到越来越多人的喜爱。

中帆协领导班子

这也是在张小冬的带领下，中国帆船大家庭共同努力取得的成果。可喜地看到，过去几年，中国帆船运动正得到快速发展，即便是疫情期间，中国帆船的发展脚步也未曾

中国家庭帆船赛

停歇。2020 年，国家队重点工作从"外训外赛"调整为"内训内赛"，全国帆船、帆板锦标赛，全国帆船、帆板冠军赛等全国体育竞赛计划内的赛事顺利安全的举办为疫情常态化下各级别国家队和省市队伍训练备战创造了良好的赛事平台。中国帆船健儿切实做好疫情防控，强化体能，恶补短板，调整状态，备战训练有序进行。

协会推出的系列线上帆船赛事活动丰富了大家疫情期间的居家生活。33 位帆船行业从业者联袂呈现的 52 期《非常航海课堂》、10 位帆船冠军运动员发起的 7 期"2020 中国帆船线上冠军挑战赛"以及 4 期"中国家庭帆船赛线上亲子挑战赛"等系列线上活动陪伴大家度过了"非常时期"。

中国青少年帆船释放更大力量。梅沙教育全国青少年帆船联赛步入第六年，陪伴与见证了众多小水手们的成长；中帆协小帆船培训体系的推出让中国青少年帆船培训更加规范普及；高质量帆船青少年基础人群继续扩大，并不断在高水平竞技赛事中崭露头角。

中国帆船运动与世界帆船大家庭的融合发展迈上新台阶。中帆协积极协助李全海同志竞选世界帆船联合会主席，并获得成功，使得世界帆联主席有史以来第一次由中国人担任；世界帆船对抗巡回赛宣布2021—2025年落地深圳，将为中国帆船带来更多对外交流与合作。

帆船驶入了更多新的水域，为更多城市注入新的活力，帆船运动收获了更多的关注者与参与者。中国家庭帆船赛、中国大众帆板巡回赛等大众帆船赛事的顺利举办满足了疫情常态化下大众对扬帆参赛的渴求。冰上帆船公开赛、陆地风帆车公开赛的举办让帆船跨越地理与季节的限制，成为四季运动。演员吴磊成为中国帆船运动推广大使吸

2021超级帆船赛

引超 6200 万人次关注，掀起大众对帆船运动关注的热潮。中国俱乐部杯帆船挑战赛、城际内湖杯金鸡湖帆船赛、环海南岛国际大帆船赛、宜兴内河帆船联赛、粤港澳大湾区帆船赛、抚仙湖高原帆船赛等各地方特色品牌赛事的举办，点亮了中国广袤国土上一座座滨海及内陆河湖城市。一张张笑脸、一个个扬帆起航的身影、一日多地多赛，越来越多城市开始开展帆船运动……帆船正成为城市建设发展的新需求，正成为新时代人们新的生活方式。

"万众一心，众志成城，中国帆船人汇聚在一起就是一股力量磅礴的洪流。"张小冬说。

不难发现，经过近 3 年的艰苦努力，在国家队建设、青少年及大众普及、宣传推广以及商务建设、财务建设等方面，中帆协都取得了显著的改革成果，并为未来的发展奠定了较为坚实的基础。张小冬作为中国水上运动项目管理机构的主要负责人，参与了全国水上运动项目的规划、布局与推广工作，并与中国近百个亲水城市政府、体育系统、媒体、商业机构保持着深厚、良好的合作，与亚帆联、世界帆联以及全世界大多数帆船协会、俱乐部、赛事机构、帆船企业保持着密切的交流……从舒适区走向对自己挑战如此大的岗位，张小冬没有后悔过，她唯一庆幸的是正好在女儿出国读书之后，迎来了这个机会，这样可以心无旁骛。"我选择来协会工作，可能更多的还是情怀，因为对帆船的热爱，还有自己多年在这个行业的拼搏和对这个行业的了解，我对中国帆船的发展充满期待。"

2021 年年初，张小冬还作为船员参加了 2021 超级帆船赛，这是她的新年第一赛，也是她人生首次离岸赛。经过两天一夜的航行，和伙伴们率先冲线回港的张小冬难掩激动的心情："我觉得这一路上特别特别美好，离岸赛的魅力好似我们的生活，有一切的未知等待着你。

大风大浪，月亮星星，晚霞朝阳，无论是怎样的风景，你都能够在这个航程中体验到，在这个过程中，一个团队相互配合，搏风击浪，战胜困难的感觉特别棒。"

赛场、办公室、帆船，哪里都能寻见她的身影。

40年，她一直和中国帆船一起，走在行进的路上。

张小冬：1964年出生，中国首批国家帆船帆板队运动员。现任国家体育总局水上运动管理中心副主任、中国帆船帆板运动协会主席。

1984年澳大利亚世界锦标赛上，张小冬赢得了中国帆板第一个世界冠军，这也是亚洲运动员在这个项目上的第一个世界冠军。1992年，巴塞罗那奥运会上，张小冬获得了银牌，这是中国乃至亚洲第一块奥运会帆船项目奖牌。

2008年奥运会在中国举办，她参与并负责在青岛的奥运会帆船测试赛，以及奥运会竞赛管理中心的行政管理工作。2017年6月，张小冬被推选为中国帆船帆板运动协会的主席，并成为亚帆联的名誉主席，在国家队建设、青少年及大众普及、宣传推广以及商务建设、财务建设等方面，为中帆协的未来发展奠定了较为坚实的基础。

我爱帆板

王立

认识帆船

山东省体委为了迎接 1959 年第一届全运会，将我选进了山东航海队。1958 年，我还是青岛三中的一名高中生，我的个子很高，身体也比较壮。后来，两个山东省的教练来青岛三中选拔运动员，于是我被选中，在 1958 年 12 月 28 号加入了山东航海队。由于当时我只有 16 岁，年龄太小，所以没能参加全运会，但队里教练把我留了下来，他觉得我是个好苗子，留我在基地又训练了两年。

从 1960 年开始，队内的训练开始变得不正常。随后我们国家又经历了 3 年困难时期，在此期间我们航海队基本上就不训练了，队内很多年龄稍大的队员选择了退役。

1964 年，我被调入了国家队。直到 1976 年，队内的航海训练才开始恢复正常。

接触帆板运动

1979 年，我到一个同事家去玩，同事跟我说，国际上有一个新的运动项目，并给我看了一份报纸。那份电视报上面刊登了一项帆板运动，说帆板是由一个帆一个板子组成。但由于上面的描述太专业，我始终没有看明白帆板运动是怎么一个原理。

后来，我为了做航海多项的器材，去了龙溪的一个兵工厂。在我回来的途中，电视推送了关于帆板运动的节目，引起了各省市航海运动学校教练员们的兴趣。看完节目，教练员们给我打电话、写信，强烈要求我们学校把帆板运动搞起来。

为什么是我们学校呢？因为我们学校属于国家体委，是我国航海训练的"发源地"，我们有责任来推动新项目的发展。但话又说回来了，全国教练员们虽然有强烈意愿，在电话里说得天花乱坠，但在当时的情况下，我们学校根本没人能担此重任。

在学校经过社会变革之后，最终我承担了这项任务。我想到学校图书馆里有一些关于日本帆船运动的杂志，于是我在书中找到了一张很小的图片，然后根据这张图片来制造帆板。幸好我之前学过驾驶帆船，比较了解流体力学以及帆的动力学，并且到国民六厂当了两年工人，学了不少钳工技术。

设计中国第一个帆板

根据日本帆板的照片，我花了一个月的时间画出一张帆板设计图纸。我把图纸拿给校领导以及同事们看，大家都非常惊喜，十分支持我的工作。有了图纸以后，我带着一位青年在一间空教室里做帆板，让木工按照我的要求做出各种形状的零件，然后我们再用玻璃丝布和胶进行组装。

我们大概前后花了两个月的时间，终于把帆板做出来了。在我们制作帆板的过程中，学校里有很多同事会经常过来看我们，还给我们加油打气。

1979年6月4日，我们拿着做好的帆板到青岛东海饭店附近的一个风平浪静的海湾试航。我们一共试航了三四个小时，但怎么试都跑不起来，也不知道怎样才能跑起来，一众人被摔得鼻青脸肿。第二天我领了两个青年一块去试航，结果我们连续试航了一个星期都跑不起来，像是进入了一条死胡同。

帆板研发组和第一条帆板合影

后来有一天试航，海上的风比较大，我眼看着自己的帆板就要被吹倒了，无意识地拉了一把后绳，帆的受力突然变大，把我又给拽了起来。我一下子就明白了，帆板能不能跑起来，和帆的受风面积大小、受风角度有很大关系。回家之后，我一直在回想白天的试航经历，心想着明天我一定要把帆

进行帆板下水实验

板跑起来。

第二天上班的时候，我坐在公交车上嘴里还在念叨着"向前走松帆，向后走收帆"的口诀。来到了第一海水浴场，我说我今天一定跑得起来。我一下水就跑了200多米，把在场的所有人都惊到了。他们都很好奇：这是怎么跑起来的？用的是什么原理？我把帆板的运动原理告诉了他们：人向后倒的时候拉后绳，帆的受风角度变大了，帆板就能跑起来了；人向前倒的时候松开后绳，帆受到的风变小了，人就能立住了。

根据我的诀窍，大家很快都完成了帆板试航。我们把试航结果展示给学校领导看，领导们也很高兴。为了能够进一步扩大帆板运动的推广和训练范围，我找了一家农村的木工厂做了4条帆板。

推广帆板运动

我们学校帆板试航的成功被全国的教练知道了，强烈要求我们学校举办一期全国教练训练班。但没有得到国家体委的同意，我们学校也办不起来。为了得到国家体委的认同，我们趁着国家体委领导黄忠、李梦华、王蒙来青岛的时候，把他们3个人拽到码头上，给他们介绍帆板运动。

他们对帆板运动很感兴趣，觉得这个体育项目非常有意思，一定要把帆板运动在全国范围内快速搞起来，于是很快批准了我们办训练班的计划。等国家体委的领导们一走，我们赶忙申请举办全国教练训练班。

帆板训练

1980年10月，我们学校在全国范围内发通知，举办了一届全国帆板教练训练班。出乎我们的意料，训练班一下子来了 30 多个人。我们用不到 1 个月的时间，就教会了所有教练员驾驶帆板。

在举办全国教练训练班之前，我们学校投资了一大笔钱，又做了 10 多条帆板。等到训练班结束，就给每个省的教练员发一条，让他们把帆板带回去，把帆板运动普及开来。

全国帆板教练训练班结束没多久，国家体委召开会议，通知将于 1981 年 8 月 6 日举办第一届全国帆板比赛。但是问题来了，要想举办第一届全国帆板比赛，只有十几条帆板怎么能够呢？后来，我们请示国家体委，要求再做一些帆板，供比赛和训练用。国家体委听到了我们的呼声，给我们解决了资金问题。没了后顾之忧，我们找到专门做滑翔机的厂家，定制了 100 套帆板。

全国第一届帆板比赛举办得非常成功，参加比赛的所有人都很开心，也很兴奋。在比完赛后，每个省又分到了一些帆板带回去，进行展览、训练。

第一届帆板比赛的落幕，昭示着我们国家的帆板运动已经完成"启航"阶段，下一阶段的目标就是带领国家帆板队走向世界！组建我国帆板国家队是在 1982 年，我带着队伍到广西北海训练了 2 个月，秋天又带着队伍去汕头进行训练。

我在参加 1982 年汕头教练训练班的时候，发现了一个很好的帆板运动"苗子"，张小冬。当时因为她的教练有点地方主义，不愿意用外省的运动员，再加上张小冬个头比较矮，胳膊也比较短，就想把张小冬开除。我看到张小冬行动很灵活，就把她和其余两个运动员一并要来，跟着我们一起训练。

训练的时候，我跟他们 3 人只讲了 3 条要求：第一条，你们要在帆板上站稳了，不能乱晃；第二条，你们的帆要撑稳了，不能来回像扇扇子一样扇来扇去；第三条，你们的帆板在水上行进的时候要走出一条直线来。张小冬一下水，就把 3 条要求都做到了，我立马跟她的主教练说，这个人你不要我要，以后就跟着我训练吧。她的主教练还很奇怪，反问为什么。我说，你根本不"识货"，张小冬的先天条件非常好，将来一定是帆板运动的佼佼者。

张小冬跟着我们训练了 2 个月，进步非常大，后来她参加厦门的全国帆板比赛，获得了全国第三名的好成绩。在日后的亚洲帆板比赛中，张小冬还拿过好几次冠军。

世界锦标赛

1984 年 12 月，我们第一次参加世界锦标赛。当时，我一共带了 6 个运动员去比赛。由于时间紧迫，我们既没有了解场地情况，也不清楚对手实力，只知道当时比赛的场面很大，一共有 60 多名女子运动员、300 多名男子运动员参赛。

在赛场上，我们只训练了 3 天，不像其他国家的运动员，可以提前二三十天到比赛场地进行训练。因为帆板运动的场地状况每天都不一样，就连同一天内的上午、中午、下午的情况也都不一样，所以参赛运动员必须要提前到场熟悉场地，才能把握赛场规律，取得优秀成绩。

没时间熟悉场地，我们当时压力很大。一个澳大利亚的记者来采访我们，第二天就写了一篇报道，说我们中国人不是来参加比赛的，是来凑热闹的。我看了以后很生气，憋足了劲儿要在赛场上给他们颜色瞧瞧。

赛程第一天是长距离比赛，我们做好了充分的准备，仔细分析了赛场情况。根据观察，我发现要想在这么大的比赛中获得好成绩，就得出其不意——360多名运动员都选择在中间位置出发，那么我们就选择在靠边的位置上出发，避开人群。

这种"不寻常"的招数确实很奏效，听了我的策略，苏克在300多名选手里获得了第十名的成绩，张小冬获得了第一名的成绩。看到手下运动员们都取得了不错的成绩，我心里高兴得不得了，简直是心花怒放。

在参加比赛前，我想着要是我们能进前10名就是烧高香了，结果比完赛回到北京汇报时，我凭着好成绩信心大增，讲话时都"硬气"了不少。

上岸后在比赛用帆的背景下合影

参加奥运会

我们要想在1992年奥运会上拿到好成绩，就没有世锦赛上那么容易了。在赛前汇报会议上，我在国家体委领导们的面前说，拿冠军我只有10%的把握，进前6名我有90%的把握，进前3名我有60%的把握。

奥运会帆板比赛一共有七轮，前两轮我们国家队都吃了亏，最后只能拼了命地追，追到了第二名。最后一轮比赛时，张小冬一直跟在挪威选手的后面。看到她们两个速度都很快，我的心也一直悬着。不料，挪威选手一下子就翻倒了，张小冬"唰"地冲了过去，获得了第二名。

我们终于如愿以偿地拿着奥运会亚军凯旋。

成功的原因

中国帆板运动为什么能够取得这么多的好成绩呢？关键在速度。

我们在帆板运动的训练上下了很大功夫，将水阻力学、船舶阻力学、帆空气动力学等7个学科进行整合，做了大量的研究，发现了一些提高速度的主要规律，研究出最佳的船帆角度，应用到日常训练中。

帆板运动要想跑得快又稳，就不能少了两角稳定技术——风向角稳定，帆角稳定。利用两角稳定技术，有一个叫钱红的运动员一口气拿了好几个冠军，光奖金就有20多万。后来，一直跟着我训练的运动员们，包括各省市的教练员们，也都学会了两角稳定技术，获得了不少帆板好成绩。

我们国家的帆板运动能够在世界上一直保持高水平、高水准，这与技术理论的创新有很大关系。

登上中国帆船荣誉殿堂

张小冬成为帆船帆板协会主席后，给我打电话，说让我参加评选荣誉殿堂。我觉得我已经退休了，也不需要什么荣誉了，而且郭川失联了，应该把荣誉颁发给他。

第二年评选，张小冬又叫我去，我说：我都到这个年纪了，还是要把机会多留给年轻人，用来鼓励他们。在张小冬的坚持下，最终荣誉殿堂评选上了我。

在荣誉殿堂颁奖之后的会议上，我讲了一段话：20年前我带着国家队到海南来训练，那

中国帆船荣誉殿堂奖

时候的条件十分艰苦，队伍人数也很少。但这次我来，帆板队伍十分壮大，海南也是高楼林立，马路宽敞，一派新气象，让我很高兴。我很想在这里和大家一起喊个口号，为参加明年奥运会的运动员们加个油，希望大家都能满载而归，拿着金牌凯旋！

这就是我一直以来的想法和目标，能够为国家的帆板运动做出贡献，已经是我这辈子最大的荣誉了。

王立：1942年出生，曾任中国帆船帆板队总教练、国家体委青岛航海运动学校副校长、中国帆船帆板运动协会副主席。

1979年，他通过自己动手设计图纸、制作模型，成功研制出了中国第一条帆板，他的学生张小冬是中国首位帆船帆板项目世界冠军，让中国帆船帆板队实现了奥运奖牌"零"的突破。2019年，王立成为第二位进入中国帆船荣誉殿堂的传奇人物。

我与奥运会的故事

王志敏

我和帆船结缘

我是土生土长的农家娃，上学的时候，那时学校里只有简单的体育设施，体育课的项目也很单一，所以我从小对体育也不感兴趣。那时从来没想过，不久的将来，自己会与体育结缘，与帆船结缘，与奥运结缘，而且这一结就是一辈子。1958 年，我初中毕业，一次偶然的机会，我被选入山东省航海多项体育运动队，开始了我的体育生涯。在队里，我作为队长，一直以高标准要求自己。两年后，航海多项运动被国家取消了，我开始了当教练的生涯。

虽然中国的海岸线很长，具有优越的地理条件，但我国的帆船水平还远远落后于西方发达国家，跟不上国际体育的步伐。当时中国政治经济正处于起步阶段，国际地位不太高。在竞技体育场上，我记得每一次升中国国旗的时候，我们都会激动地流泪。我觉得体育不单是强身健体，它也象征着一个国家的富强，越发达的国家体育越强。

当国家正在筹备 1990 年亚运会的时候，国内能生产帆船运动所需 OP 级帆船的厂家少之又少，而且还有种种顾虑，不敢投入生产，然

在帆船俱乐部办公室

而进口帆船的价格又太高。于是，我和丈夫凭借多年对帆船的认识了解，经过多次失败尝试，制造出了物美价廉的帆船，而且符合国际标准。

1996年亚锦赛时，我们制造的帆船已经得到了国家工业部、国家体育部、世界组织的认可，我们生产的船能够进入世界级赛事。从那以后，我的船厂进出口免检免税，终于能为我们国家争光了。

申办奥运会

1998年10月，我到北京国家体育总局，向水上运动管理中心申办2001年世界OP级帆船锦标赛，正巧看到秦皇岛市向国家体育总局和北京奥申委申请承办帆船比赛。我马上想到，承办帆船比赛，青岛有着比秦皇岛更为优越的条件。

回到青岛后，我立即把这一消息告知了青岛市体育局，表明自己对申办奥运帆船比赛的想法。市领导对这件事十分重视，市长还亲自批示，说这是好事，要求各部门予以支持。

青岛能够成功申办奥运，多亏了市领导的大力支持。

1999年5月和6月，青岛市政府领导先后两次到北京，向国家体育总局和北京奥申委递交了申请材料，正式拉开了申办的序幕。申办的截止日期是 7 月 15 日，如此紧迫的时间让我心里很是着急，我终于按捺不住在 7 月 3 日给当时的市委书记写了封信。

在信里，我写道："我已经 60 岁了，是一个平民百姓。争办奥运帆船基地，我无怨无悔。我全家两代人从事体育工作 30 多年了，我深知体育大赛对一个城市的重要性。"信的最后，我写道："这次决定将是青岛流芳百世的大事记。"

当时的市领导迅速对这封信做出了反应，7 月 5 日，也就是这封信寄出两天后，市政府召开专门会议，研究部署了争办 2008 年奥运会海上项目的具体方案，出台了相关文件。青岛有关方面迅速行动起来，

担任残奥圣火火炬手

与奥运会组委会帆船委员会
（青岛）相关领导合影

向水上运动管理中心、中国帆协发出邀请，请他们到青岛实地考察。与之同时进行的是青岛按计划向北京推销自己的活动。26 日，北京奥申委给青岛发来"同意青岛承办 2008 年奥运会帆船比赛"的函件。2001 年 7 月 13 日，我的帆船俱乐部承办的 OP 级帆船世锦赛胜利开幕，就在这一天，北京申奥成功的消息传来，青岛遂成为 2008 年奥运会帆船比赛的举办城市。

荣获 2008 年奥运会特殊贡献证书

荣获水上运动贡献奖

帆船运动进校园的意义

开展"帆船运动进校园"活动，是青岛市打造"帆船之都"建设的重要工程之一，是培训青少年帆船人才的重要途径，为实现市委、市政府提出的打造"帆船之都"的战略构想，推动青少年帆船运动的长效发展奠定了坚实基础。而这一伟大构想离不开当时的青岛市体育总会林志伟主席。

青岛申办奥帆赛成功后，林主席考虑到，为了在全市营造一个奥运氛围，包括群众体育方面，以及奥帆赛结束后如何继续发展帆船项目，当时就想到了"帆船运动进校园"活动。于是，林主席马上与教育部门配合，以青少年帆船普及作为切入点，开始着手"帆船运动进校园"

活动。在克服了人手、经费、场地等一系列困难后，2006年6月，青岛市"帆船运动进校园"活动终于在青岛市政府南广场举行了启动仪式。

可以说，林主席的积极推动才使得帆船运动得以广泛普及，进而源源不断地为国家输送优秀的帆船运动人才。我一直非常钦佩林主席，回顾这10年，这是一个伟大的历史阶段，离不开每一个人的付出。

所有付出皆无悔

为了自己心爱的帆船事业，为了青岛申奥成功，我可以说付出了自己的一切。在社会各界的大力支持下，我承办的2001年OP级帆船世锦赛在青岛成功举办，不过同时我也遇到了很大的经济困难。尽管那段时间日子过得非常辛苦，但是现在回过头来想想，我心情坦然，无怨无悔。

王志敏：1940年出生，我国20世纪50年代的第一代帆船运动员。1986年和同样是我国第一代帆船人的丈夫邹成传成立了青岛崂山邹家帆船俱乐部，先后成功举办了1991年亚洲OP级帆船锦标赛、2000年全国帆船锦标赛和2001年第39届OP级帆船世锦赛。

我的帆船路

代志强

如何接触帆船运动

20世纪50年代末60年代初，我每年夏天都跟随表兄和他朋友在汇泉湾海水浴场海畔参与航海帆船游乐活动。在此期间，经山东航海队教练逄吉候引荐，我参加了省航海俱乐部的航海多项活动，学习了航海帆船的基本知识。

20世纪70年代初，我受省、市体委委派参与了为恢复军事体育进行的前期准备事宜的调研，主要是关于山东航海航空俱乐部，以及协助国家体委、军体局、人事司（由时任军体局长主导的工作组）、国家体委青岛航海俱乐部（现国家体育总局青岛航海运动学校）恢复前期相关事宜的调研。此时，我对航海帆船运动有了进一步的了解。

在市体委工作

20世纪70年代末80年代初在市体委任职期间，我分管航海运动业务工作。我参与了山东航海俱乐部（学校）的教练员选调、运动队组建、运动员招聘，以及运动项目拓展等相关工作。此时，我经常同刘英昌教练到青岛市区中、小学中推广、宣传航海运动的相关知识。同时与张承功教练主导组建了山东滑水队。并与他共同策划了举办全国滑水锦标赛的相关事宜，并参与了在青岛黄岛区举行的组织实施工作（这是首次举行的全国滑水运动竞赛项目）。

在航海运动学校工作

20世纪90年代初，在任国家体育总局青岛航海运动学校校长期间，我会同学校领导班子与全体员工，主导策划、组织实施了多项国际、国内帆船帆板竞赛和全国教练员、裁判员相关的业务培训工作。学校承担了国家帆船帆板运动队的组建与集训工作；圆满完成了奥运会、亚运会、世界锦标赛及相关世界级、洲级及全国级的相关赛事的组织承办培训活动等事宜，实现了女子470级帆船在亚运会竞赛中金牌零次突破和奖牌总数在亚洲领先的纪录。

在此期间，我遵照国家体育总局改革开放的总体思想和要求，结合学校现状，会同学校领导班子制定了适应改革发展的总体规划和工作目标，引入了市场化运作的基本思路，对所管运动项目进行改革与调整。

在国家水上中心的领导与支持下，我与李全海先生共同带领国家帆船队，用市场化运作的思路，赴欧洲（德国、法国、丹麦、瑞典）、加拿大进行了长达数月的拉练集训，自驾房车拖带器材，吃住都在房车里，参与了帆船相关的赛事，策划了长达数月的国外拉练、集训与参与多个世界级相关赛事，运动员的水平大幅度提高。为进一步提高我国帆船运动技术水平，引进外籍教练，并与江苏省体委合办帆船帆

与国际友人交流

板运动队，与青岛贵族游艇会通力合作，选派了6名优秀运动员赴澳大利亚学习，拓展参加奥运会项目——18英尺帆船（现在奥运项目49人级帆船的前身），取得不错的效果。

为推进帆船运动在我国的推广与普及，我于2007年主导引进了国际帆船教学培训体系（ASA，首次进入我国），在青岛、上海、海南举办了多期"ASA"的教学培训，培训了大量人才，为国内大型帆船（龙骨型）教学培训填补了空白。

支持帆船运动工作

我参与了林志伟主席主导策划的帆船运动进校园、青少年帆船夏令营的前期调研以及组织实施工作、组建青岛大帆船队的相关事宜，参与了奥帆委主导的"青岛"号大帆船沿中国海宣传推介交流的策划以及赴日本友好活动。

与为郭川找的中国香港教练合影

我协助翟墨策划了环中国海航行活动以及单人环球帆船航行的相关事宜。我会同兰川军为其单人航行提供了相关的技术服务；为郭川航海活动前期提高航海技能，协助他寻找了大陆与香港的帆船届专业人士对其进行教学培训；为徐京坤环中国海航行提供了支持与帮助。

我还参与了青岛市政府、奥帆委组织的为支持奥运推介青岛一系列活动的策划实施与实施，及在活动中的相关保障事宜。

为申办奥帆赛助力工作

（一）北京第一次申奥

我在参加北京第一次申奥会议时，得知北京申办 2000 年奥运会的相关信息后，即与国际奥委会领导、中国奥委会主席何振梁先生汇报，交流北京申奥、帆船项目由青岛筹办的可行性，希望得到他的支持。返青后，我立即向青岛市政府、体委相关领导汇报，提出了青岛争办奥帆赛的建议（当时听说秦皇岛也争办）。

组织学校员工携带张小冬获得第一个世界帆板冠军时用的帆，赴青岛市两会驻地请代表在帆上签字。为支持北京申奥，呼吁帆船项目

为青岛争办奥帆赛，请两会代表在帆上签字

落座青岛宣传造势。该帆后送国家体育博物馆。

（二）为青岛申办奥帆赛前期所做的工作

在北京继续申办 2008 年奥运会期间，我协助青岛争取帆船项目做了以下几点主要工作。

1. 在学校内部进行了动员，提出了"调整思维，理顺关系，审时度势，抓住机遇，抢滩占位"的工作思路，及"依托政府，创造条件，发挥优势，搭建平台，对外多联络，对内多宣传"的基本工作方针。围绕三个基本要素（资金、人力人才、市场）和三个基本点（建场地、备器材；建组织、选人才；搞活动，建平台）的基本要求开展了工作，确立了积极主动协助青岛市争办奥帆赛为学校工作重点（当时主要考虑借申奥为促进国家体委青岛航海运动学校发展助力）。

2. 会同校领导班子积极主动策划实施了多项国际、国内帆船帆板赛事及相关裁判员、教练员、竞赛工作人员的培训。

3. 成立了由校领导牵头，教研室、业务后勤参与的专项工作小组，与海洋、海事、规划、海岸工程等部门建立了互动交流机制，为申办奥帆赛准备相关技术资料。

4. 参与了青岛组建的申办奥帆赛专项办公室（市体委领导陈敬莘任主任，代志强任副主任）的相关工作。

5. 主动与国际帆联主要官员沟通交流，积极推荐优秀的年轻干部到国际组织兼职，争取话语权，助力申办奥帆赛。（曲春同志被选任）

6. 采取市场化运作形式与贵族游艇会合作选派 6 名优秀运动员赴澳大利亚学习 18 英尺帆船（当时听说要进奥运会，该船型是奥运项目49 人级帆船的前身），为拓展奥运项目的参与做准备。

7. 借带队赴国外训练、比赛的机会，会同李全海先生广泛接触国际奥委会、国际帆联、亚帆联的主要官员、技术官员与帆船界知名人

士主动交流，宣传推介青岛，为青岛申办奥帆赛争取他们的支持。

8. 借带领国家帆船队参加奥运会、亚运会、世界锦标赛的机会，主动向承办过该项赛事的国家与地区了解、学习承办赛事的相关事宜，为青岛申办奥帆赛提供了相关信息，参与了前期筹备工作。

9. 主动邀约亚帆联、香港帆协、澳门帆协官员赴青考察，商讨支持青岛申办奥帆赛的相关事宜。

10. 会同李全海先生在组织承办的香港、澳门大帆船沿中国海帆船拉力赛中，在沿途停泊站点和香港、澳门积极推介宣传青岛，为青岛申办奥帆赛造势助力。

11. 主导策划了"心盼青岛申奥成功"帆船竞赛落座青岛、香港至青岛大帆船远航活动，会同兰川军邀请了香港游艇会何汉生、吴文骏，澳门协会柯万乘三人驾驶香港范先生提供的船名为"情怀"（船号 C2008）的大帆船，由香港抵达青岛，为青岛申办奥帆赛助力造势。

2001 年 6 月 18 日《青岛晚报》材料

拓展我国帆船运动

（一）参与了以下几个重要赛事和活动

"青岛—大连"大帆船拉力赛

"更路涛"国际大帆船拉力赛

中韩国际大帆船拉力赛

舟山帆船赛

三门峡、洛阳帆船赛

"芜仙湖"帆船赛

（二）前期策划与实施中的竞赛相关工作

中国杯帆船赛

中国俱乐部杯帆船赛

海峡两岸帆船赛

香港—三亚大帆船拉力赛

庆祝香港回归、澳门回归的"中国海帆船拉力赛"

"思南杯"帆船赛

环海南岛帆船赛

中日韩大帆船交流活动

青岛"日宝耒福杯"帆船赛

青岛"润龙"帆船赛

青岛—日本（下关、福冈大帆船）

青岛—韩国釜山大帆船大帆船赛

（三）参与活动和工作

日本大阪—上海大帆船交流活动

为百安居组织的世界女子环球第一人（英国）驾三体大帆船抵达大连、青岛站的相关停泊、通关等提供技术保障工作

"新浪"号大帆船抵达青岛站的相关停泊、通关等保障事宜

第一条"青岛"号大帆船，沿中国海航行所停泊站点的停泊及后勤安全保障工作

代志强：1946 年出生，曾任中国奥委会委员、中国帆船帆板运动协会副主席、中国帆船帆板队领队、中国航海学校校长，多次带领中国帆船帆板队到世界各地参加比赛，曾带领中国队在第 12 届亚运会上取得 1 枚金牌，实现了零的突破。

记一次难忘的航行

刘学

沃尔沃环球帆船赛被誉为航海界珠穆朗玛峰，我很荣幸在这个年纪参加过两次沃尔沃环球帆船赛，14—15赛季获得总成绩季军，17—18赛季获得总成绩冠军，也是中国历史上第一次大帆船的世界冠军。

在这过程中有夺冠的喜悦，也有环球的浪漫和艰辛。沃尔沃的口号——生活在极限，在比赛中体现得淋漓尽致，环球的航段朝着别人避而不及的风暴前进，为了跑得更快要借助更好的风。其中令我记忆犹新的就是14—15赛季的第五个赛段——从新西兰的奥克兰出发，去往巴西的依塔加，这是被认为最艰难的一个赛段，因为要途经南极，绕过号称魔鬼角的合恩角。在此前，我们前四个赛段的总积分与阿布扎比队并列第二名，也是我们中国的历史最好成绩，但就在这个赛段当中，我们遇到了身体和心理的双重挑战。

从奥克兰出发，这是我第一次走南大洋的航线，赛前赛队还特意嘱咐了安全事项，实际在此之前我们都经过了安全求生方面的重重考核，每一赛段也会稍微提及，但从没有像这个赛段这样严肃。我记得很清楚，出发前船员会议上，船长夏尔很严肃地告诉我们，这个赛段一定不能落水（但事实上其他赛段也不能，这次只是格外强调）。我在船上除了船员的身份还是安全保障员，就是负责所有安全器械、救生衣等方面的准备以及使用。所以一提到安全我就要神经绷紧，因为我需要照看整个船的安全。于是船长跟之前跑过这个航段的老船员开始给我们上课，说这边风浪大、温度低，如果落水，存活概率很小，因为在这么大风浪的情况下，若有人员落水，帆船停下再回头找，第一是浪大、风大、视线受影响，实施救援有困难，第二是水温低，十分钟就可能导致人无法生存，所以在船上要时刻挂住安全绳（防止落水）。之后就发放了我们从没穿过的厚款航海服、各种加厚的衣服，穿在身上后行动属实笨重，但又是必需品。于是就在这懵懵懂懂中，我开启了第五赛段的旅程。然而，我还是低估了这个赛段的艰苦以及挑战。

不知不觉，比赛已经开始，我也踏上了第五赛段的征程，开始还算不错，20节左右的风力，我们一直在向南边行进，温度也日渐降低，身上的衣服也逐渐增多，挑战也逐渐开始增多。首先迎面而来的就是

海上航行

生活上的挑战，由于身上的衣服增厚，每一次进出船舱我们穿脱装备需要20分钟左右。天气也开始不见阳光，温度骤降，使得我们即使穿了这么厚的装备，依然感到非常寒冷，大浪从船头扑到船尾，2℃的水温冻得人手脚冰冷。我们值班是工作四个小时再休息四个小时，可绝大部分时间我们都没有办法休息四个小时甚至是两个小时，因为在这个赛段风云变化莫测，所以我们下班后要吃饭、补暖，以及随时准备上到甲板去面对突发状况，这对我们的身体和精神都无形增添了压力。我记得很清楚，从没有像这个赛段这样，看着手表，差一分钟四个小时，期待着另一队值班人员从舱内出来替换我们。我们几乎每一天不是在操控帆船就是等待换班，像是定期维护身体一样，时间一到赶紧到舱内给身体恢复能量（当然大部分时间不如意，我们要换帆、缩帆，因为天气而在外值班两小时随时准备上甲板）。在这个过程中，我有很多时候感到快坚持不下去了，但也就在这种时候，才深深感受到了自己的使命感，我代表着这中国，我的家乡青岛，不能放弃，要坚持！也正是这种信念一直支撑着我的精神。

在这样寒冷的海面上航行，每天的希望就是赶快绕过合恩角，向北航行后温度就会回暖。记得一天晚上，导航员帕斯卡跟我们说，按照我们的速度，差不多再过20多个小时我们就能到达合恩角。我无比开心，一方面感觉终于要熬过去了，另一方面也是因为合恩角是航海界胜地，有幸能到达这个地方。但噩耗紧随其后，我们正在顺风行进中，我当时正在甲板，一名船员操控失误，在滑浪的过程当中顺风偏转过多，帆船直接成90度侧翻在海面上，事情发生得很突然，来不及考虑。正值所有人在甲板准备换帆，大家第一反应就是向高处爬去，因为已经有三分之一的船浸泡在海水里了，爬上去之后第一时间就是将跟在我后方的另一位中国船员杨济儒拉了上来，因为他当时安全挂钩挂在下方的位置，所以特别担心。随后我们就开始清点人数，第一次遇到这样的情况我也有点手足无措，不过随后在船长和老船员的指挥下，我们也配合一起将船正了过来。虽然船舱里也进了很多水，但我们转身就继续投入比赛，一部分人清理船舱里的水，另一部分人继续航行。在这时我才感觉到一点点后怕和幸运，幸亏我们没人受伤，船完好无损。当时忙起来的时候真的是没来得及考虑任何危险后果。

刚刚舒缓了一口气，我踏踏实实地在船舱后方的吊床上睡了过去，就在我们侧翻后几个小时，另一个巨大的危机随之而来。因为太累了，我不顾枕头是否潮湿，也没听到操作船只的声音以及海浪击打船的声音，就睡了过去。突然"砰"的一声，我惊醒了，因为这个声音不是正常船上应该有的声音，我猛地一睁眼，果不其然听到甲板上船员在喊，

帆船比赛正在进行换帆

所有人上甲板（当时是马丁用英文喊的）。声音很大，急促，来不及多想，本能反应，我们舱内轮休的人急忙起床穿衣服，套上航海服、救生衣就出舱了（因为穿衣服会耽误点时间，但是必须穿好衣服和救生衣才能上甲板）。他们已经发现了问题，我们的桅杆在第三段位置断掉了，顶部断裂的部分还由帆的升降索连接着，帆也撕裂了飘在空中，就在这30多节的平均风力下，南美洲最南部合恩角西240海里处，我们的桅杆断了。

事发当时，来不及多想的我们就要上到甲板去，被马丁拦住，因为怕悬空的桅杆掉下打到我们，甲板上的人检查了一番确定暂时安全，我们才陆陆续续上到甲板，看到了触目惊心的景象——风吹动着桅杆断裂部分以及部分帆在空中飞舞，大风吹到绳索上发出嗖嗖的声音，打到我们甲板上的浪花，一切是那么不真实，却又很真实。我们不远处就是南极，有浮冰，非常危险，来不及多想，开始紧急处理。我们开始割断绳索，处理各种细节。不知过了多久，我们一步一步地检查，处理细节，保证安全，直到天亮，我们让一名水手爬到桅杆的第三节，确定了舍弃破坏部分的帆和桅杆（影响到我们安全，无法回收），我们被迫截断了那部分。处理完这些，我们静静地坐下，开了个简短会议讨论怎么解决问题，我们无法用右舷继续航行，只能靠左舷去往阿根廷的乌斯怀亚。好在还能用左舷航行，不然我们有漂流到南极去的危险。到这时，安全解决了，我们静下来了，我的眼眶湿润了，首先感受到委屈，因为这么长时间的艰难困苦，为了国、为了家乡争光才能坚持下来，很显然我知道我们现在一旦退赛，我们这一航段就无法获得积分，并且在最后一名的基础上还会获得额外加一分的惩罚（未完成比赛）。我感到特别遗憾和不甘心，但最后才感受到我们的幸运，左舷可以继续航行，避免了生命危险（漂到南极区域），就这样我们度过了浑浑噩噩的一晚。

我们就这样缓慢地漂到了阿根廷的乌斯怀亚,在那里我们整理了船只,解决了安全问题,并从那里出发,去往我们的站点——巴西的伊塔加。我参与了全部过程,因为不属于比赛,所以过程比较轻松,大家轮番开船,也没那么极限。临近巴西海域我检查桅杆时,还遇到两条鲨鱼,它们跟随了我们一小段。就这样我们努力地把船开到了巴西(当然没有成绩),到了巴西后大家终于松了一口气,工作人员开始了艰辛的努力,因为离下一段的比赛只有不到一个星期,赛队包了飞机,从新西兰运了一个新桅杆,全程警车开路,到达巴西。在赛前两天我们把船重新装好,备战巴西到美国纽波特的赛段,虽然这件事对我们的打击很大,但是我们并没有放弃。在从巴西到美国纽波特的赛

获得沃尔沃环球帆船赛冠军

段我们依然参赛，并与阿布扎比一直斗争，航行 20 天左右的时间，最终以 55 秒的时间领先于阿布扎比获得第一名，至今这都是我最为难忘的赛段。从开始的艰难，到感受到国家的荣誉，再到失落以及重新夺冠。到美国这段夺冠也是鼓舞了我们的士气，最终我们获得了总成绩的季军。

我们在下一届比赛获得了冠军，我也走了从南非开普敦沿着南极边缘去往墨尔本的航线，越来越久的航行让我对大海充满了敬畏之心。

途经这么多国家和海域，我们感受到了美丽的大海、无污染的星空、充满活力的生物，更加坚定了我们保护环境的信念，这也是我人生中重要的一课，至今难以忘记！

亲吻沃尔沃环球帆船赛奖杯

刘学：1993 年出生，美洲杯帆船中国之队队员，沃尔沃环球帆船赛东风队中国籍船员，参与过美洲杯、沃尔沃、极限系列赛等多项顶级赛事。

克利伯环球帆船赛是"世界上最具影响力的航海赛事"和"规模最大的业余环球航海赛事"。2005 年，以青岛市命名的"青岛"号大帆船首次加入克利伯环球帆船赛，从那一刻起，以城市命名的"青岛"号正式被载入了克利伯船赛史册，青岛这座美丽的海滨城市将再一次以帆船运动为载体，向世界宣传城市形象、扩大城市影响。

我们的航海人以坚定的意志，不畏艰险，劈波斩浪，不断突破极限。帆船和航海运动所崇尚的"不惧风浪、敢于弄潮"的精神，在他们身上体现得淋漓尽致。

第二章

闪耀在克利伯环球帆船赛上的星

关于我与帆船的故事

郑毅

大家好，我是郑毅，一名帆船运动员。很多人都猜我有42岁，其实我今年才24岁。这身体轮廓是父母给的，但满面风霜则来自大海和烈日。

我童年时就曾梦想环球航行，而我也终于实现了自己的梦想。我是继郭川、宋坤后，第三个完成环球航海的青岛人。

9岁那年，爸爸带我到奥帆中心码头游玩，我见到克利伯环球帆船赛船队驶入港口。岸上的人们欢欣鼓舞，场面非常热烈、激昂，我第一次知道了帆船是什么样子，那一幕也深深地印在了我的脑海里。那一刻开始，我的心里种下了"成为一名克利伯环球帆船赛船员"的梦想种子。不过在同学们眼中，这只是我在吹牛。

然而，念念不忘，必有回响，第二年我就凭借游泳特长，通过选拔进入了市里举办的帆船夏令营。记得那时候我每天都要到海边训练，泡在海水里，顶着烈日，皮肤都晒爆皮了，手上也磨起了茧，浑身酸痛酸痛的，妈妈鼓励我说："儿子，不要怕，你现在体验到的生活，是别的孩子所体验不到的。"正是这句话，激励我加倍认真地训练，并很快就崭露头角。

15岁时，我进入专业队，开始了与风浪为伴的日子，曾经被人当成是"吹牛"的梦想一一实现了，包括代表中国船员将"青岛"号驶向世界。

20岁时，我参加了2016年远东杯国际帆船拉力赛，那是我第一次远航，青岛—韩国，连续两天两夜不睡觉，这段航程下来，整双手都泡烂了。同样是20岁这一年，我成了克利伯环球帆船赛最年轻的大使船员。在克利伯2017—2018帆船赛中，我通过3个月的英语学习和体能训练脱颖而出，成功入选，参加了那个赛季的第一赛段比赛，从英国利物浦出发，目的地是乌拉圭的埃斯特角城。除了常规比赛船员的工作之外，我还需要在环球比赛过程中为自己代表的城市做宣传和推广。代表自己城市和祖国参加比赛的荣誉感，激励我成功完成了跨越大西洋的比赛。

航海运动带给我的是书本绝不能带来的感受。作为世界上最著名的环球航海赛事之一，克利伯环球帆船赛历时接近1年，在茫茫大海上，最基本的吃喝拉撒都会成为难题。我们进

在海上航行

行远洋航行使用的 70 英尺大帆船，长约 21.3 米，船上有 20 人，但仅有 10 张床，在 4 或 6 小时的轮班制情况下，需要两人分享 1 张床。暴风雨来的时候船被浪推来推去，大雨像一面面屏障一样袭来，感觉像身处游戏世界里的磁暴阵，雨点打在脸上生疼，掌舵的人根本无法看清前方。迎风的状态下，船头一遇到浪就会被颠起两米高，然后再"砰"地垂直落下。在船舱内睡觉的人几乎每一次都会被惊醒，就像坐在高速行驶的汽车里突然遭遇急刹。高度倾斜情况下，厨房里也噼里啪啦地乱响，锅碗瓢盆齐飞。而且船只晃动时，很难生火做饭，外国船员习惯了用牛奶冲燕麦片吃，而我则是在限重 20 千克的行李里装了十几袋方便面和几瓶"老干妈"。记得有一次，好不容易逮到机会做了一次蛋炒饭，因为船上唯一的灶台火特别小，需要把米饭蒸熟后放到烤箱里烤干才能进入炒饭步骤，我整整准备了 4 个小时。还有一次船行驶在南大洋的时候，距离终点还需要航行 14 天，船只的制水机突然坏了，没有办法继续制造纯净水，可是船上 20 个人，却只剩下 400 多升水，意味着每人每天只能喝一升水。有队友会拿着量杯每次接 500 毫升进行分配，我们甚至收集雨水掺上海水用来煮饭或做意大利面，锅碗全用海水清洗。越没水喝越觉得渴，我经常一边掌舵一边攒着口水舔嘴唇，

在海上航行

但越舔越干，平时海水过滤后尝着味道像汽油的水，都变得非常珍贵。因为缺水，船上不少人都病倒了，但也因为求生心切，我们比第二名提前了整整一天到达终点。

克利伯帆船赛的参赛经历成为我人生中的重要里程碑。这些我用命换来的经历，都将成为我生命中永远值得骄傲的徽章，也成了我父亲的骄傲。他年轻时曾是一名海军，经常说他在海上遇到的风浪比我遇到的还大。对于我的选择，他非常支持，而且我能感觉到父亲的骄傲，他的微信头像、朋友圈封面都是我在海上的照片。

克利伯 2019—2020 帆船赛，我再次入选并成为一名大使船员，而且是环球全赛段船员。几个月前，历经疫情的考验，我仍然代表我深爱的"青岛"号完成了环球 24000 海里的航海征程，并且我也再次成了那一赛季赛队中最年轻的大使船员。而且，该赛季的"青岛"号船

与船员们在一起

长克里斯·布鲁克斯将我选为了领班船员。我现在已经成为一名经验丰富的掌舵手，而掌舵也是我在船上最喜欢的岗位之一。目前，"青岛"号在当前赛季的总积分排名第一，在已经完成的赛程中获得了四次第一名。

当"青岛"号帆船的主帆逐渐被升起的时候，上面的五星红旗也

随之冉冉升起，那就是我最骄傲和自豪的时刻。每一次赛队登上领奖台的时候，我总是会带领全体船员们高声呼喊着"青岛、青岛、青岛，加油、加油、加油！"希望疫情过后，我能驾驶帆船回到自己的家乡，完成环球航海的历程，真正地成为克利伯帆船赛环球全赛段大家庭中的一员。

参加全球航行是我从小的一个梦想，而我这个梦想的种子能够成长，最终得以照入现实，则要感谢青岛自2006年以来开展的"帆船运动进校园"活动。我的成长历程和丰富的帆船运动经历很好地诠释了青岛作为中国帆船之都的发展理念。帆船这项运动带给了我自强不息的精神，帆船给我带来不一样的人生，让我能够真正地拥抱生命。克利伯环球帆船赛点燃了我对帆船运动的激情，而帆船运动则给我带来了巨大的快乐和美好的回忆。感谢青岛，感谢帆船。

郑毅：1996年出生，2007年"帆船运动进校园"活动小学员，后来进入青岛市帆船队、山东省帆船队等专业队。2017—2018克利伯环球帆船赛大使船员，2019—2020克利伯环球帆船赛全赛段船员。

我眼中的克利伯

张立中

童年回忆

在地球上北纬 35°35'—37°09'，东经 119°30'—121°00'的黄海之滨，坐落着一座充满生机的海滨城市，它有红瓦绿树点缀、与碧海蓝天相拥，又拥有古朴典雅的东方欧韵装扮。它曾有着百年的航海运动史，是新中国第一个航海俱乐部的诞生地，是第 29 届夏季奥运会帆船比赛的举办地，也是生我、养我的故土——青岛。

小时候，母亲望着窗外告诉我："那就是大海，广阔的大海，从蔚蓝到碧绿，美丽而又壮观，因为它是生命之源。"那时候我不能完全明白妈妈的话，不过也许是家里经常有小螃蟹爬进来与我玩耍的缘故，我逐渐喜欢上了大海。

记不清谁曾为我擦拭被风沙吹疼的脸庞，也记不清谁曾为我卷起裤腿，跟我一起光着脚丫在沙滩上竞相追逐，有太多太多的他们，都和大海一样，在生命中默默陪我成长。

后来，我们搬了新家，离开了海边。我常常想起轮船汽笛声、带着咸味的空气，还有那永远不变的蔚蓝的海天，梦想着有一天自己也能驾船远航，直到海天的尽头。

少年启蒙

我的爷爷毕业于上海吴淞商船学校（现上海海事大学）航海技术专业，后来参军到人民海军。他曾驾船跨洋远航，也曾在长江上驾驶舰艇对抗轰炸机群。和众多航海家一样，爷爷总有很多有趣的故事，还会用口琴吹出许多跟海有关的歌曲。渐渐地，在他的影响下，我迷上了船。他的一本《中国船谱》被我看了又看，直到被我不小心翻破了封皮。同样遭遇的还有一本《中国近代海军史略》，这些代价换来的是我变得特别喜欢船，买了很多军舰和风帆战舰的模型，摆在家里，组成了自己心目中的一支"特混舰队"。由此，环球远航的想法像一颗充满生命力的种子在我的心灵深处萌发了。

初识克利伯

2001年7月13日，在莫斯科举行的国际奥委会第112次全会上，北京赢得2008年第29届奥运会主办权，青岛作为其伙伴城市，也成了帆船项目比赛举办地。那时，我在读高中，是一名在业余体校走训的田径运动员。

2005年5月，一个偶然的机会，我的大学老师委托我将一封文件送给奥帆委（奥运会帆船比赛组委会）竞赛部一位资深老专家。文件顺利地送到了，在交谈当中，因为帆船、航海，我和这位资深的老专家聊得非常投机，并且经他推荐，我成了2005青岛—基尔夏季帆船营中的一名志愿者。

从2005年夏天开始，我前前后后参与了许多帆船培训和帆船竞赛工作，期间接触了众多航海界的人士。2006 年 2 月，克利伯 2005—2006 赛季环球帆船赛的十条大帆船从新加坡起航，终点是青岛。代表中国参赛的"青岛"号第七个抵达终点，郭川作为本次比赛唯一的中国籍船员，随"青岛"号回到了母港，受到各界的热烈欢迎，他的脸上也洋溢着满载归来的喜悦。凭着对航海梦想的执着，驾驶员战胜了难以想象的艰难险阻，到达他们心中理想的彼岸。这已经不是我第一次感受到航海人的执着。2006 年 4 月 8 日 12 时，在起点船发出的汽笛声中，我站在起点船上，目送着十条克利伯大帆船离开青岛，去往下一站终点。大帆船雄壮的背影深深地印在我的脑海中，就这样儿时的梦想再次涌上心头，我心中已经有了参加克利伯环球帆船赛的想法。

成长的历练

经过近两年的不懈努力，2007 年 5 月，我通过严格的招聘考核，终于成为奥帆委的一名工作人员，投身于自己所喜欢的帆船运动工作。

新的工作岗位充满挑战和压力，让我经历着一次又一次的历练。不知不觉中，我在工作中学到了完善、专业、系统的帆船理论，从身边一些从事专业航海运动工作的资深教练那里学会了一些实用船艇操控技术，为迎接克利伯环球帆船赛第二次登陆青岛打下了坚实的基础。

2008 年 2 月，克利伯 2007—2008 环球帆船赛的十条大帆船相继抵达青岛。这一次我的工作是担任竞赛官乔纳森的联络员。我们的工作涉及水文气象分析、海上引航、码头泊位规划、青岛海域巡游航线勘测、竞赛组织、船艇维护维修及燃料和液化气的补给、航海专用耗材采购七个方面，由于有上赛季的工作经验和参加工作后自己的学习、积累，我们工作做得得心应手，整个竞赛团队的工作开展得也很顺利，工作成果得到了克利伯组委会的充分认可。船队临行前的晚餐上，竞赛官乔纳森夫妇鼓励我参加下一届克利伯环球帆船赛，并鼓励我努力成为一名船长，他们希望在不久后的比赛中，看到一名来自中国的船长率领"青岛"号大帆船环球。

踏上克利伯之旅

2008年北京奥运会、残奥会帆船比赛在青岛顺利举行。同年11月，我进入新的工作单位——青岛市体育局。

奥运会虽然结束了，但帆船这项集冒险、竞技、娱乐、观赏于一体的运动深深地在青岛扎下了根。帆船运动逐渐走进校园，成为深受广大师生喜爱的体育活动。在黄金周帆船比赛举办期间，广大市民踊跃报名参赛。浮山湾的片片白帆成为青岛又一道靓丽的风景线。

2009年5月，青岛市体育总会通过媒体向社会发布招募克利伯2009—2010环球帆船赛"青岛"号船员的信息。在十一届全运会青岛赛区组委会工作的我，看到这个消息后，非常振奋，立刻登录报名信息上的网站填写了报名表。与此同时，我也不忘记将此消息一一通告给一起玩海的哥们儿，邀他们一起踏上克利伯之旅。很快我便在众多候选船员中见到了熟悉的面孔。在接连通过笔试、面试、体能和心理测试后，我又参加了为期2天的封闭拓展培训。接下来的海上实操培训是由英国克利伯赛事组委会派出的培训教师带领的。培训教师带领大家完成了第一阶段的船员培训。凭借自己的航海经验以及在英语和体能上的优势，我顺利地进入了最后15人大名单，进入了最后的电视节目总决赛，距离目标只差一步了。这一次，我不再有任何的犹豫，全力以赴，终于迈进了属于我的克利伯之旅，成为克利伯2009—2010

环球帆船赛"青岛"号的一名船员。

扬帆英伦

出征英伦——"青岛"号,中国水手的家

伦敦时间 2009 年 7 月 9 日傍晚,在历经 16 个小时的旅途颠簸之后,我与其他 7 名受训的中国船员、3 名随行记者抵达克利伯环球帆船赛培训基地——戈斯波特港。迈入港池,我一眼就认出身上画着"红色蛟龙"的"青岛"号大帆船——我们在英吉利海峡,登上"青岛"号,好比回家一样,每个人都倍感亲切。放下行囊,整理好床铺后,旅途的劳顿让每个人都昏昏欲睡,难以打起精神来欣赏夜晚哥斯波特港的帆都魅影,很快船舱里安静下来了,只听见英吉利的海浪轻轻地拍打着"青岛"号硕大的船身,让我

Grinding 绞盘

们躺在水手的摇篮中进入了梦乡。

新环境,新生活——我们的船长,我们的船

从第二天开始,我们进入了紧张有序的训练,训练共分 B、C 两个部分,将持续两周。擦船是船员必备的基础技能,也是我们要过的第一关。有序分工、提升效率、团结协作,清洗工作在"青岛"号上开

始变得紧张有序。可以想象，每个航段二三十天的不间断漂泊，船上的生活环境直接影响到船员们的体质健康、工作情绪，船

整理绳索

检查前帆边

体的清洁标准当然尤为重要。

其实，早在6月中旬，8名中国籍船员已经在青岛奥帆基地码头展开了克利伯Part A的海上培训。然而眼前的克利伯"青岛"号，拥有6个大直径绞盘，连缆绳都要比青岛的帆船粗一圈。未航行时，克利伯4片近百平方米的主帆、前帆，将20多米长的船舱堆得满满当当，想让主帆、前帆一个个移出船舱，8个人需使出浑身解数、竭尽全力，方能在半个小时内全部移出。这一切，都是在青岛训练中未曾出现过的，从未在船上真正生活过的"船员们"当然需要一个缓冲期。而十几位船员如何在一艘船上工作、生活，则是我们本次英国培训首个要面对的问题。

印象英吉利——征服海洋的第一步

说起哥斯波特，英国地区之外的很多人，都不太了解这个海港城市，哥斯波特是英格兰南部的一个沿海小镇，是克利伯的帆船培训基地所在

地。这里原本是英国皇家海军的岸基，位于英国南部著名军港朴茨茅斯西岸，与现在的朴茨茅斯皇家海军基地只相隔一条约 500 米宽的水道。

而今，英吉利海峡每年往来的货运船舶就达 12 万艘之多，依旧是重要的海上运输要道。与此同时，海峡地区天气阴晴多变，潮汐落差较大，风疾浪高，独特的地理环境使得这里早早成为重要的航运水道、军事要道，也成为世界帆船运动强者所向往的竞技场。

初航考斯——体验大海的残酷

"青岛"号缓缓驶出港湾，向南航行。在驶出港口半个小时后，主帆和前帆陆续升完，兜满风的船体像是挂满弦的弓箭，逆风疾速向前，此时阴沉的天气也耐不住性子，释放出几天以来储存的雨水，突如其来的瓢泼大雨使得海上风力达到 30 节，由于船帆受重，船舷两侧已经变得界限分明：一侧马上将深嵌水中，而另一侧则是高悬半空，角度几乎将与海面垂直。

由于身处英吉利海峡狭长地带，浅滩暗石较多，需要不断转向，避开危险地带。怒海狂哮，巨浪翻滚之间，船长不断下达迎风转向命令，船员们则须在侧角倾斜超过 60 度的船体上下挪动，收放绳索。然而就在千钧一发之际，许多人开始了有晕船的反应：恶心、眩晕、嗜睡，1 小时后有人急速挪至船舷开始呕吐；还有人看似镇静，端坐在船尾下风，随风浪起伏，却无法继续工作；同样地，在甲板下的船舱内，有人干脆倚靠在船舱内的马桶上，任由风浪颠簸。

最初海上疾风行驶时那股畅快和兴奋，在从胃部荡漾出的食物中，全部灰飞烟灭。尽管如此，还有很多人都在坚持，在巨浪疾风前依旧挺身而出，到船头换帆，到绞盘前收放绳索，看到同伴晕船，虽然自己也难受，却依旧谈笑风生，化解船上紧张气氛。

航海锤炼意志，在狭小的空间远航的过程中，每个人的性格、秉性将暴露无遗。中国的船长有句老话：透过航海看品性。只有在最艰难恶劣的环境中，人的信念、意志、本性体现得越发淋漓尽致，懦弱、恐慌、束手无策，都将会被不放弃、不抛弃的意志力所淹没。而只有在这一刻，你才知道，船上每个人的生命都是紧紧联系在一起的，一个微笑、一把援手、一盘热腾腾的面条、一句鼓励的话语……都能将困难和无助全部消融。

夜航达特茅斯——英吉利海峡的"世外桃源"

经过一夜的休整，大家重新振奋精神。清晨起来洗漱，最先映入大家眼帘的就是考斯港天鹅般的美丽。这里白帆如云，桅杆如林，港口的标志旗帜到处可见。然而我们没有太多时间游览这座酷似电影场景的小镇，采购完个人所需的装备、食品之后，又踏上了新的征程。这次的目的地是百余海里之外的达特茅斯。

当"青岛"号落下帆，开启马达缓缓驶入达特茅斯河道的时候，每个人都被眼前童话般的世界深深地吸引了，重峦叠嶂的秀美风光让大家发出阵阵赞叹，五彩缤纷的典型英式建筑分布在海港对岸交错起伏的山峦上，还有古老的蒸汽火车驶过，发出呜呜的轰鸣声和阵阵白烟。从海上远眺，这里几乎每个角度都是一幅水彩田园画。海水清澈透底，随处可见天鹅、鸬鹚在水上嬉戏，而停泊在海面上的白色风帆，更是让人产生了幻觉：我们是否已经走入了"世外桃源"。美丽安逸的小镇，古朴典雅的风土人情，让我们这一群饱经大风大浪折磨的人们完全沉浸在达特茅斯的醉人景色里，紧绷的精神也彻底地松懈下来，躺在甲板上，沐浴着清晨第一丝朝霞，吮吸着新鲜的空气，将昨夜被狂风大浪拍打的疼痛都抛到了九霄云外。

伦敦、朴茨茅斯之行——觉醒的海洋意识

B 部分培训结束后，我们驾船回到戈斯波特，船员就地解散，将于两天后重新集结开始 C 部分的培训。经受暴风骤雨般的航行训练之后，我们有了两天的短暂休整。大家一同前往伦敦，感受浓重的英伦风情，也是为送别提前回国的 3 名记者朋友。泰晤士河畔的伦敦眼、古老的大本钟、人与自然和谐的乐园——海德公园、白金汉宫广场上威严的皇家骑警队列、因航海而得荣耀的大英国博物馆一一尽收眼底。

2008 年 7 月 20 日，中共中央总书记、国家主席、中央军委主席胡锦涛在视察青岛奥帆赛赛前训练时曾指示："要把航海事业做得越来越大。"现在重温这句话，我有了更深层次的理解：航海事业是要靠全民高度的海洋意识来支持与发展，青岛选择打造帆船之都的战略，正是迎合了这一点所要求的一个必要条件，通过大力推广普及帆船运动，可以提高人们树立高度海洋意识的积极性。而我身为一名国家公务人员，参加这种环球帆船赛不再是自己个人的一个小小的梦想，而是历史赋予的责任和使命，我来培训、学习、参赛不再是为自己，而是为加强与航海强国的交流，学习先进的培训体系和高水平的帆船赛

与美女压舷

与英国帅哥 Fred

事组织模式，将这些带回国，日后能为我所用，扩大帆船运动的群众基础，提高帆船运动发展水平，为树立全民高度的海洋意识，尽到自己的一份职责。

穿越英吉利海峡——感受伟大母爱

与上一周不同，这次我们8名中国船员被分成三组，我所在的一组两人跟随苏格兰"爱丁堡"号训练。"爱丁堡"号也成了我在英伦的第二故乡，在上面结识了许多来自苏格兰的朋友们。特别要提到的几个人："爱丁堡"号船长马特，以前干过促销工作，说起话来总是特别煽情，语调抑扬顿挫，还会模仿一些兽类发出的声音，如果英国人不知道中国的相声是什么，不妨和马特船长一起出一次远航；船员中有位水管工人叫保罗，虽然身材硕壮，但行动敏捷，干净利落，黑暗中他的眼珠格外明亮，永远都有用不完的精力；还有神奇的机械师艾伦，船上哪里出了故障总能第一时间找到根源，排除故障。

渐渐地，我们一船人成了一家人，我在遥远的大洋深处体会到了父爱，母爱还有兄弟姊妹之间的爱。印象最深的人是我们的苏格兰妈妈玛格，一位年逾六旬的退休教师。她总是在最需要的时候给船上每个年轻人无微不至的照顾：轮到我做饭的时候，她手把手教给我西餐的料理方法；我们被冰冷的海水打湿的时候，她把热气腾腾的咖啡和奶茶递到我们的手中；渴了有她送来的果汁，饿了有她切好的蛋糕，寂寞了想家了，就和她一起唱那首优雅动听的苏格兰民歌：

Speed bonnie boat,

like a bird on the wing,

onward, the sailors cry

carry the lad that's born to be king

over the sea to skye

loud the winds howl,
loud the waves roar,
thunder clouds rend the air;
baffled our foe's stand on the shore
follow they will not dare

though the waves leap,
soft shall ye sleep
ocean's a royal bed
rocked in the deep,
flora will keep
watch by your weary head

loud the winds howl,
loud the waves roar,
thunder clouds rend the air;
baffled our foe's stand on the shore
follow they will not dare

speed bonnie boat,
like a bird on the wing,
onward, the sailors cry
carry the lad that's born to be king
over the sea to skye

有人叫醒了正在休息的船长马特，他没来得及穿防水夹克就立刻登上甲板指挥，马上就成了落汤鸡。这时候玛格也上了甲板，看到几个小孩子们胆怯了，玛格主动站到主绞盘操控器上担负起这项繁重的体力工作，她的这一举动深深地打动了我。在她需要帮助的时候，我捆绑好滑动后支索，上前与她一起配合操控前帆，在坐舱整理绳索的鲁森达也赶来接替玛格，但是玛格还是用完她所有的力气后才与鲁森达做了交接，很快各项排险工作有序进行，在大家的共同努力下，我们克服了种种困难，帆船又恢复了正常的行驶。

当艰险淹没了孩子们的希望，爱却没有退让，玛格用她的母爱担当着我们最后的坚强，像一股暖流冲开我们心灵的挣扎，暖透我们冰冷的身躯，让我们忘却了恐惧，勇敢地站起来，与死神为伍、与风浪搏斗，跌倒了再站起来，永远不放弃胜利的希望。

航海感悟

2009 年 7 月 25 日，我们从英伦满载而归回到家乡。当走出青岛流亭机场进入接机大厅的一瞬间，我们被鲜花、掌声和相机的闪光灯包围了，当了一把媒体追捧的英雄。

每个英雄的背后都有一段艰辛的历程，而环球远航的人背后有着这样一句座右铭：吃常人不能吃的苦，忍常人不能忍的气，做常人不能做的事。

让我们期待本赛季"青岛"号大帆船迎风使帆、劈波斩浪的雄姿，相信这一次"青岛"号为青岛，这座屹立在东方的帆船之都带来更多的感动，也把青岛给世界的问候送达到每一个经停的港口。

张立中：1983 年出生，曾任 2008 北京奥组委及残奥组委帆船赛事组委会竞赛部体育器材主管，青岛市体育局训练竞赛处副主任科员，青岛旅游集团所属青岛体育产业发展有限公司常务副总经理，青岛国际游艇俱乐部常务副总经理（兼），现任青岛旅游集团下属青岛体育产业发展有限公司总经理。

2009 首届青岛国际帆船周青岛国际帆船赛第六名，克利伯 2009—2010 环球帆船赛 "青岛" 号第四赛段参赛船员。

人生沧海忆风帆

孙海洋

我和青岛有缘，和帆船有缘，和克利伯有缘！

2009 年的一个晚上，收音机里播出的一个帆船活动触动了我。中国近代史上的屈辱是来自大海，英国人的帆船战舰漂洋过海到中国沿海，打败了清政府，鸦片战争开始了中国近代的屈辱史。现在的中国强大起来了，通过对外开放、对外贸易，国家逐渐富强，这些都离不开海洋。后来我又了解到欧洲人是依靠着帆船航海技术，发现了美洲，实现了环球航行，成就了地理大发现。我一直都想知道在几百年前欧洲人是怎么样依靠风帆，没有导航，没有目的地，甚至都不知道如何回来，就敢于冲向无边无际的大海。这是什么样的精神？是如何实现的？又是怎么样的经历？所以，我最想经历的就是能乘帆船在浩瀚无垠的大海上航行，体验不依靠动力的航海生活。

因为只记住了一个"伯"字，我回家后在网上搜索"伯"和"帆船"，后来想到青岛是"帆船之都"，又加个"青岛"这几个关键字，居然搜索到青岛在全国招募帆船水手，我马上填表做了申请。两天后我接到了青岛克利伯组委会的电话，被邀请去青岛参加选拔，经过了笔试和面试，又参加了体能选拔。我当时已经 39 岁，身体条件不如年轻人，而且我隐瞒了有心脏病的病史。我把争取参加一次帆船运动当作完成一次人生的不可能，实现一个人生夙愿。我一天经历了 500 米游泳、3000 米长跑以及其他各种测试，非常幸运地通过了初选。在后面的集中培训和上船两周选拔中，我虽然体力不突出，但是心理素质和沉着冷静的心态帮助我再一次顺利地通过了。最后是电视直播公开选拔，我非常幸运地成为代表青岛的克利伯帆船赛的水手。

2009 年 7 月，入选的水手一起去英国接受克利伯为期两个星期的培训。青岛市政府非常信任我，让我带队，这是我的荣誉，也是一份责任。在英国的第一天培训，船长就给了大家一个下马威。英吉利海峡的风非常大，刚刚离开码头就是 7 级风。船长故意逆风航行，而且专门挑选浪峰穿行。船在风浪中异常地颠簸，一会被推到几米高的浪峰，一会又跌落到几米深的浪谷，20 米长的船，海浪从船头一直打到船尾，即使在船尾也会被海浪完全地包裹冲击。不长时间，大部分的船员产生了严重的晕船反应，剩下我们几个人还勉强坚持。船长还不停地要求我们换帆，一个三角形的前帆，基本都是将近 30 米高，20 多米长的底边，需要两个人才能拖动。最有经验的是高君，船长知道虐不到他，而且也需要有人做饭，就把他派到船舱里做饭。身体条件最好的张立中在船尾和船长一起掌舵，我和另外一个比我年龄大一点的纪侗师去换帆。我们两个人一边拉着帆，一边扶着安全绳爬到船头，人坐在船头的铁索上，就像电影《泰坦尼克号》里男女主人公站的那个地方，但是一点也不浪漫，除了恐惧就是害怕。船头随着海浪，上下超过 5 米起落，我们需要一个扣一个扣地把帆解下来，然后再把另一个帆一个扣一个扣地固定上去。海浪比我们的人高多了，一个又一个地扑击和穿过我们俩，再毫不停歇地冲过船尾。不知道穿过了多少个海浪，

在狂风暴雨中拉帆　　　　　　　　　在帆船上吃饭

我们俩终于完成了 4 次换帆。也耗尽了体力，无论船长怎么叫，我们俩也无法移动自己身体，瘫软在了甲板上。

"雨水夹着海水，耳边呼啸着风声，面对着滚滚的海面，我居然没有害怕，相反是不可抑制的兴奋，当浪花在船头飞溅，扑洒在身上，我很想大声地嚎叫。我发现了新的自我，发现了一个勇敢、坚定、自信、无畏还幽默的我，发现了自己不仅可以不计代价地付出，也可以不怨天尤人。"这是我当年在日记里写的经历。

结果令人如此惊讶，恐惧让我战胜了晕船，我不晕船了！

回到码头，已经是晚上 8 点多了，我们居然在海上搏击了 10 多个小时。晚饭后的总结中，我们所有受训的水手都得到了船长的肯定，也许我们大多数人的体能还不行，但是我们所有人表现出来的勇敢和坚韧赢得了英国船长的尊重。后来的培训，所有人都逐渐适应了，也战胜了晕船。我们去过英国好多的港口，看到了很多美丽的风景，航行中的高纬度夜空也令人陶醉。

帆船航海有很多奇特的声音，睡在船舱里，海浪冲击船体的声音好像大锤砸到了一样，可以说是砰然巨响；船停泊在码头，帆绳会随着风不停地敲击着桅杆，发出清脆的声响；航行的时候，船长和船员们都需要大声地呼喊；还有就是无止无休的风的呼啸声。

这里有一篇在英国的日记：

7月19日。今天和每天一样，早上6：00起床，6：30开始打扫卫生，8：00准备启航。

今天唯一不同的是"青岛"号和"新加坡"号有一场小小的比赛，从不同方向环绕一个岛屿，航程大约6小时。10：00准时从约定的地点出发，"青岛"号逆风开始向东，"新加坡"号向相反方向出发。

海上的天气变幻莫测，尤其是英吉利海峡，风大浪大。今天虽然阳光明媚，但是风非常大，个人感觉超过7级，船长说超过30节，天气预报说个别时候会超过40节。海浪也高，经常扑上甲板一直冲到船尾。

每一个船员都非常认真，外国船员多数从小就开始玩帆船，我们同船的船员说4岁就开始学了，所以很有经验，基本功扎实，体能也很好，在最开始的时候他们是主角，但是我们同船的4个中国船员也不示弱，在他们短暂的表演之后，我们也冲了上去。我们用勇敢和亚洲人特有的敏捷、灵活弥补了他们的不足，迅速完成了船长下达的指令。外国船员以为我们很多事情不懂，其实是因为语言上的反应问题，我们4人用行动证明了我们不仅没有问题，而且也是工作中的主力，是可以信赖的伙伴。高君一直冲在第一线，无论是上桅杆，还是上船头，只要有急难的地方就有他的身影。纪侗师一直在绳池中坚持到到达为止，高红也毫不畏惧地保持在岗位上。

船长林小龙也说今天风实在太大，他的嗓子快喊坏了，他关注每个人，关注每个细节，会发现很多地方绳索搞错了，会知道谁干的活很多，他对我们有很好的评价。

最终我们先到达了终点，但这不是目的，我们在航海技能上、精神上得到了成长。在培训过程中，我看到两岸每隔不远就有小镇，每个小镇都有港口，每个港口都有如丛林般密集的帆船桅杆。在今天刚出港的时候，我们可以看到视力所及的天际线，海天之间白帆点点，正是英国家庭趁周末结伴出海游玩。我们也希望有一天我们的青岛也会像这里一样，沿海有无数的码头，如森林般的桅杆，人们周末到大海中休闲游玩。也许这就是我们在做的，就是从我们开始。

结束了英国培训，我们分了航段，我分到了第三段，从南非开普敦到澳大利亚。但是非常不幸因为非个人原因，我迟迟没有获得南非签证，等到我拿到南非和澳大利亚签证的时候，船已经从南非离开好几天了，我非常遗憾和歉疚。非常感谢青岛对我的关照，让我参加了第四段从澳大利亚到新加坡赛段。

"青岛"号船员合影

正式的克利伯第四赛段比赛是从1月3日开始的，场面非常宏大壮观，十艘大帆船列队出海，周围是众多的服务船只，天空中是彩色的焰火，码头是欢送的人群，鼓乐喧天。

当信号弹高高升起，所有的水手都忙碌起来，所有的帆都以最快的速度升起来，所有的船都争先恐后地冲出去。不到一天，视线里就不剩下几个帆影了，过了3天，最后一个白帆也消失在了视野中。我们的"青岛"号是一叶孤舟航行在茫茫大洋之中了。

在后来十多天的日子里，天际线里就没有出现过任何一条船，陪伴我们的是无边无际的大海；陪伴我们的是时常出现的飞鱼，它们成群结队地飞出海面，好像一群鸟儿（在我值班一个夜晚，还在甲板捡到了一条，是蓝色的身体，很美丽，我后来把它放回了大海）；陪伴我们的还有偶尔出现的海豚，也是成群结队地在大海上欢快地游动跳跃着；陪伴我们的还有常常出现的暴风雨、如山一样的大浪、日出和日落，是陆地上永远无法想象的壮美……

印度洋上的日落

穿越赤道的时候，每一个第一次穿越赤道的水手必须要经历老水手的戏弄，这是专属水手的节目。我和张立中戴上了假发，装扮成美丽的海妖，脸上也涂上了油彩，在所有同船水手的嬉笑中完成了从菜鸟水手到老鸟水手的仪式。

赤道附近基本上没有风，船几乎就是完全地停了下来，只是靠洋流的推动漂着，海面有时候平静地就像一面镜子，连一丝波纹都没有。

太热了！全天最凉快的时间是凌晨 4:00，船舱的温度是 35℃，甲板是 28℃，每人每天要喝 5 升水。这个时候最盼望的是来一个风暴，这样才能带来宝贵的风。

远洋航海是危险的，危险来得太突然，船队里的"库克"号遇险了，搁浅在了一个礁盘上，所幸没有人受伤。我们赶到后营救了 3 个人上了我们船。"青岛"号承担了最后的救援，到搁浅的"库克"号上把船员的护照和船上贵重的仪器拆卸下来。为此，我们围绕着这个礁盘转了三天，每天晚上都会经历一次热带暴风雨，而每一次上礁盘都是一次生死考验。张立中最后一次参与上岛，回来的时候因为风浪太大只好留在了另外一条船上。而我们有两个船员也因橡皮艇翻转落水，十分凶险，幸运的是都安全无恙地回到了船上。

结束救援之后，还有不到两天的航程，我主动承担了两个夜班的掌舵，因为大家都太累了。所有人都熟睡了，我自己一个人在甲板，手里握着舵，驾驶着"青岛"号乘风破浪。这是一种奇妙的感觉，夜空中星光点点，海上波光粼粼，当凌晨日出的时候，看着太阳升腾出海面，我心有所感，随手写了两首小诗：

"晨起风云乱，海上怒涛凶，足下一片板，身外无它舟，掌稳手中舵，何惧起颠簸，劈破千重浪，回头万里波。"

"斗转星移夜未明，唯有相同海不平，孤帆高张天边路，心有明灯照清灵。"

航海给了我很多感悟：

一是如何面临恶劣的环境？在船上的第一要务是生存，面临各种危险只有奋力拼搏，毫不退缩才能活下来。在工作和生活当中，我们都要勇敢坚强，直面困难，就像帆船，只是一片布和一个船体，借用风的力量纵横四海。风是危险和障碍，也是发展的力量源泉。

二是如何面对对手和队友？你不知道会和谁同船，在共同的工作中互相支持依赖，建立不同寻常友谊的时候，大家又要分手，又会面对新的伙伴。同样，今天的对手也许是明天的伙伴，今天的伙伴明天也许是对手。即使是你最不喜欢的人，都有可能是在你危难的时候拉你上来的人。

三是做好自己的事情。帆船运动的竞争，是看不到对手在做什么的，只知道互相的位置。每一条船上的每一个人，只有不放松每一分钟，确保都在做应该的事情，才能保持高速，哪怕是一点点的优势，在时间的累积下也会产生质变。我清楚地记得，我们后面的船跟了我们一天，从我们身边擦肩而过之后，再一天后我们就看不到它的踪影了。而当我们策略准确，大家齐心协力之后，在看到其他船之后的两天也做到了超越它们，然后也落下它们到看不见踪影。

帆船航海是我人生中最重要也是最美好的经历！这一切都是青岛给予的，我永远都感激青岛！

孙海洋：1971 年出生，毕业于大连理工大学管理学院工商管理专业，2007—2012 年任沈阳市于洪区人民政府副区长。2009—2010 赛季克利伯环球帆船赛（澳大利亚杰拉尔德至青岛赛段）"青岛"号船员。

穿越大西洋
——回忆克利伯环球帆船赛跨大西洋赛段

张严之

和大多数同龄的青岛男孩一样，我的童年和少年是在混沌顽皮中度过的，并无特别之处。我比较幸运的是在 1999 年大学毕业后，就远赴英国利物浦大学 MBA 学习足球产业，成为留学大军最早涉足这一新兴领域中的一员。借着 2002 年中国足球首次进入世界杯的东风，硕士毕业后，我就被英超埃弗顿俱乐部录用。我有幸亲身见证了当时的深圳手机品牌科健作为中国首个企业赞助英超球队，并且第一次有两名国脚——李铁和李玮锋同时登陆英超比赛，这在中国足球乃至体育史上都是具有里程碑意义的大事件。

在埃弗顿工作初期，我曾担任俱乐部的中方联络官，主要负责李铁、李玮锋及赞助商科健的各方面服务保障工作。由于我的出色表现和专业背景，半年后我就被俱乐部破格提拔为国际市场开发经理，主要负责开拓俱乐部的海外市场，特别是中国市场。在英国学习和工作期间，作为优秀留学生及学有所成的毕业留英的工作人员代表，我曾多次被中英两国官方，包括英国首相托尼·布莱尔和时任上海市书记韩正在内的多位政要接见，也算是在英国体育领域闯出了属于自己的一片天地。

2008北京奥运会带动了全国体育经济市场蒸蒸日上，同时由于家庭原因，在2005年，我毅然决定放弃在英国优越的工作和生活条件回国发展。我曾先后就职于北京亚洲体育文化传播有限公司和中国足协等多个体育机构，参与承接了首届斯坦科维奇洲际篮球杯赛、中国杯网球赛、斯诺克大师杯中国公开赛和女足世界杯等多项国际重大体育赛事的招商和运营工作。

第一次参加克利伯

我在而立之年回到青岛后，帆船又成了我众多体育爱好中一个新的成员。2009年，在青岛克利伯赛事组委会第一次面向全国征选"青岛"号船员的过程中，经过层层选拔，最终我光荣地成为2009—2010英国克利伯环球帆船赛"青岛"号的一员。该项环球航海赛事是世界顶级的帆船比赛之一，是全球最高级别的业余帆船比赛。虽然克利伯的参赛船员都是业余的航海爱好者，但船长都是身经百战的职业航海人，再加上每条大帆船都是以国家的一个城市命名，所以无形的使命感和荣誉感让大家竞争得十分激烈，为了一个名次拼得头破血流。

我作为当年比赛的第七段，也是最后一个航程中唯一的一名中国人全程代表青岛参加了比赛。艰苦的航行磨炼了我的意志，塑造了我的品质。在两个多月的时间里，我驾驶着"青岛"号大帆船，航行5500多海里，横跨大西洋，先后航行途经牙买加、美国、加拿大、爱尔兰、荷兰，最终胜利返回了终点站英国，成了参与那次克利伯环球帆船赛中航程最长、跨越国家最多的中国籍船员。我在途中前所未有地获得三个分段赛的第三名，为最终"青岛"号获得赛季总成绩第六名做出了自己的贡献。在抵达终点英国赫尔亨伯港的当天，欢迎场面非常热烈，无数航海爱好者从世界各地赶来迎接他们心中的航海勇士。"中国青岛"的欢呼声更是不绝于耳，那一刻，我作为中国青岛人第一次感到了无比的骄傲和自豪！十一个月的航行，十二名青岛籍船员不辱使命，以接力的形式完成了首次青岛人环球航行的梦想！作

驾驶"青岛"号的张严之

为那次克利伯比赛唯一的中国籍团队，我们在"青岛"号大帆船环球沿途十一个月的航行中，向世界宣传了中国，宣传了青岛，各地民众也感受到了青岛这个城市在帆船领域所拥有的实力和我们建设帆船之都的信心与决心。

光阴似箭，一晃十年过去了，那次克利伯比赛中我所经历的一切却仍历历在目，记忆犹新。作为青岛孩子，我感觉大海就像家人一样亲近，一直伴随着我的成长，洗海澡、赶海、钓鱼都曾给了我无数的欢乐美好的记忆。但在那次的远航中，我才真真切切第一次感受到大海的无情和陌生，甚至是威胁。

记一次惊险的航行

整个赛程中最惊险的一次经历就出现在第一段从牙买加到美国纽约途径百慕大那片神秘海域中，这也是整个赛程中唯一一次全员上甲板共同排险。这段经历给了刚刚上船满怀期待和兴奋的我一个下马威。回想事发当晚非常闷热，"青岛"号船员像往常一样分为两组执行四小时轮班制，虽有微风，但海面依旧十分平静，我们挂着最大的球帆沿着既定的航线航行，大家也有说有笑，一切按部就班，似乎和往常一样。本来我已经下班，但是船舱里实在太热根本无法入睡，索性我就又上了甲板想着和大家聊聊天或者帮帮忙。过了一会儿，我就看到由远及近、由小到大而且由少到多的闪电不停地出现在船的后方，巨大的闪电照亮了整个夜空，隆隆的雷声震得人头皮发麻，大家也都逐渐开始紧张起来，不由自主地远离船上的一切金属制品。

这时候，意识到情况有些不同寻常的船长也上到了甲板，但为了追求更好的成绩，他并没与马上命令降下球帆，而是选择冒险多使用一会儿。也许就是那一刻的迟疑和犹豫让"青岛"号陷入巨大的危险当中。突然之间狂风大作，瓢泼大雨倾泻而下，"青岛"号瞬间被追上来的风暴吞噬，巨大的球帆顷刻之间就被大风从头到尾撕开，然后在那风雨交加、电闪雷鸣的黑夜中像两个白色的幽灵一样在船头乱舞。与此同时，控制主帆杆的后缭绳也被扯断，长长的帆杆像快要脱缰的野马一样疯狂地左右摇摆，发出当当的响声，像是在竭尽所能地脱离桅杆和船的束缚。在那一刻甲板上所有的人都意识到了一种前所未有的危险，如果不尽快地控制住摇摆的帆杆，一旦与桅杆断裂，轻则"青岛"号被追退出比赛，重则船毁人亡。当然，如果失控的帆杆打到船员的头上也会有一击毙命的风险。此时的船长一把夺过舵轮，想通过航向的改变降低帆杆对桅杆的撞击力度，但即使是航海资历最深的他也无法完全有效控制住在风暴中无助摇曳的帆船，也许一切来得太快，其他船员也都蜷缩在甲板上不知所措。很快，稍微缓过神来，船长命令我们所有船员都扣好安全带，把自己和船牢牢地连在一起，接下来他让离他最近的我马上下到船舱把所有人都叫到甲板上来一起应对这一紧急情况，然后再去导航室里把甲板上所有照明的灯都打开。于是我就迅速而又艰难地爬到左右摇摆的船舱里，把刚睡熟的我们班上的船员一一叫醒，起初有些船员还不太理解甚至有些抱怨，毕竟之前类似的事情没有发生过，但当大家意识到问题的严重性之后，也都很快穿上救生衣，系上安全带拥上了甲板。这时，我也一次性地把在几十个各种按钮中的照明灯开关顺利地打开了。接下来大家在船长的指挥下七手八脚地利用绞盘和仅剩的一条缭绳先把帆杆固定住，然后再把撕裂的球帆和主帆降下来，同时再把风暴帆挂上去，剩下的就是修补破损的球帆和换上新的后缭绳。前前后后大家忙活了一夜，正当每个人都筋疲力尽、濒临崩溃的时候，终于拨云见日，天亮了。

最终通过所有人的齐心协力，大家化解了这场有惊无险的风波，"青岛"号也安全地带着我们大家慢慢地驶出了那片危险的风暴区。当我们总算松了一口气之后，检查船只受损情况时才发现，除撕碎一面球帆、断了一根后缭绳之外，"青岛"号还损失了两个大滑轮，我们在船上只找到了一个变形扭曲的滑轮，另一个是落海了。当时滑轮在被狂风扯断的后缭绳的作用下瞬间像子弹一样射出去时把甲板上砸出了个坑，庆幸的是没有打到人。这次经历也是时至今日我在航海中遇到过的最惊险的一次，让我更好地了解和敬畏大海，任何一点儿差错都可能造成不可想象的后果。

记一次竞争激烈的赛段

在那届克利伯环球帆船赛中，另一件让我至今都难以忘却的事发生在从加拿大横跨大西洋到爱尔兰的赛段中，那是我所经历过的条件最艰苦、竞争最激烈的赛段。北大西洋那片充满未知的海域是电影《完美风暴》的发生地，我们"青岛"号一出港池就直接进入状态，海面波涛异常汹涌，常常伴有十几米高的大浪劈头盖脸地从船头打到船尾。当时虽然正值 6 月，但在海上仍非常寒冷，难怪赛事组委会在开赛之初的准备会上还告诫所有人要注意从北极漂下的冰山。万幸我们没有碰到冰山，但我们不出意料地遇上了坏天气，从始至终一直阴雨连绵见不到太阳，十几天的时间大家一直在潮湿寒冷的环境中度过。可能是吸取了之前的教训，为安全起见，这一次我们采取了比较保守的战略，一路上没有大的状况发生，每天虽航行艰难，却一直波澜不惊。

事情的转折出现在最后一天的最后冲刺阶段，大概是距离终点线不到一百海里的时候，我们就远远地看到了以那届克利伯赛事终点城市命名的英国"赫尔亨伯"号。比赛中由于各船采用了不同的航线而且航速也不相同，所以慢慢地船与船之间的距离就会越拉越大，在海上常常是好几天看不到其他的参赛帆船。同样在最初因为航线不同和角度问题，因此在看到彼此后我们当时很难分辨出究竟是谁领先，只是知道"青岛"号和"赫尔亨伯"号的对手就是我们彼此。各自的船员也都不由自主地打起了精神。又过了几个小时，经过几个转向，我们两条船慢慢地驶入同一赛道，这时候还可谓是并驾齐驱、不分上下，只是"青岛"号位置稍微领先，但"赫尔亨伯"号则在更占优势的上风处。因为终点线不长，为了率先冲线大家会越靠越近，这时候上风的位置就会起到关键的作用。如果"青岛"号一开始不能迅速冲到"赫尔亨伯"

号前面占据优势的话，上风处的"赫尔亨伯"号就会利用船帆挡住来风，受其影响下风处的"青岛"号的船帆受风面积就会越来越小、船速也会越来越慢。但如果此时再改变航向的话，就会损失距离，结果也很难预料。面对如此严峻的形势，"青岛"号上下齐心，所有人都鼓足了干劲、咬紧了牙关，本该进船舱休息的船员也都自觉上甲板帮忙，船长也是亲自掌舵紧盯着对手，力争冲到前面保持优势。

但事与愿违，在距离终点线越来越近的时候，我们"青岛"号没有大幅度领先"赫尔亨伯"号，反而慢慢地被其超越，不出所料的是我们也越跑越慢逐渐地拉开了差距。这时候似乎大局已定，我们每个人的心情也都糟透了。但我们没有放弃，仍继续竭尽所能地努力并期待着奇迹出现。上天也许总是眷顾那些锲而不舍的人，或者可能以祥龙作为图腾的"青岛"号在浩瀚海洋中比以青蛙作为吉祥物的"赫尔

登上领奖台

亨伯"号多一些运气。就在距离终点线仅仅大概几海里的地方，"赫尔亨伯"号突入乱风区并犯下致命错误，球帆和球帆杆缠到了一起并最终导致球帆被撕碎。虽然他们船员也都训练有素，在第一时间迅速换上另一面球帆，但还是不可避免地损失了宝贵的时间和船速。我们则利用这一千载难逢的机会成功实现反超，并最终以只领先对手十几秒的时间幸运地赢得那段赛事的第三名。

回头想想，顺风不浪、逆风不怂也许就是那段航海比赛给我最大的人生启示。

新时代中国人的航海印记

在那次比赛中还有一件有意义的事，我和好朋友——同为青岛籍船员的张锋一路向东，完成了横跨太平洋和大西洋的征程，并在航行过程中添加了重要并且独特的中国航海文化元素。

在准备参与克利伯比赛之初，我们就特别制作了"永乐·和谐"币，"永乐·和谐"币的正面为1405年郑和时代的钱币"永乐通宝"，反面是代表和谐时代的2010年版中国一元硬币，并加以环氧树脂浇

张严之手拿"永乐·和谐"币

注保护。我们在跨越太平洋、大西洋的 60 个日夜里，每天在不同的经纬度上播撒一枚，在崭新的时代里留下了中国人的航海印记。古往今来，不同时期的钱币浓缩了各个时代的文化内涵，航海则需要追逐梦想、勇往直前的激情与勇气，将跨洋航行赋予中国文化和航海精神动力，是我和张锋抛撒"古时今朝钱币"的精髓所在。在劈波斩浪的艰难行程中，我和张锋携手，航行 1 万多海里，横跨太平洋、大西洋，作为 20 世纪 70 年代出生的新一代中国航海人，我们也希望通过这种特殊的方式，继承郑和七下西洋撒播和平仁爱的航海传统，激发岛城民众热爱海洋、开拓进取的航海精神。

随着青岛"帆船之都"城市品牌的深入人心，大家欣喜地看到越来越多的民众已经踊跃地加入航海运动，在接下来时间里，我会继续参与各项帆船航海活动，将自己的航行经验和感受带给更多的朋友，为青岛"帆船之都"的发展奉献自己一份绵薄之力。

　　　　　　　　张严之：1976 年出生，曾先后就职于北京亚洲体育文化传播有限公司和中国足协等多个体育机构，现任青岛先锋科技发展有限公司总经理。2009—2010 赛季克利伯环球帆船赛"青岛"号船员。

扬起属于自己的风帆

范文硕

蓝色血液，我的海洋情结

1994 年夏天，我出生在山东省烟台市的一个小海岛上。我出生时的医院离海边只有 50 米。我的爸爸是一位非常执着的海洋环境工程师，我的爷爷是一艘机帆船的船长，可能天生带着渔民的基因和"蓝色的血液"吧，我从小就对大海有着别样的情愫，上学时几乎每个周末我都是在海边度过的。

或许是继承，或许是传承，我也成了闯海人。作为不太一样的新一代闯海人，出海不是为谋生，也不是为事业，我也不知道是为了什么，Born for water，我愿意这样介绍自己。

2018 年中国杯直播准备

大学初识帆船，铺就了我来时的路

大学的城市，我选择了美丽的海滨城市——青岛。偶然的机会，我加入了青岛大学帆船队，那时我什么都不懂，庆幸的是英语老师宋佳凡成了我的帆船启蒙老师，她也是帆船规则译本的译者之一，她送我了一根 CCOR 的腕带，打开了我接触帆船的大门。

从此，我在大学生涯给自己定了一个目标，那就是尽可能参加所有我能参加的帆船赛，无论是以参赛者的身份，还是以志愿者的身份。尤其是在青岛举行的世界杯帆船赛、极限帆船赛，我都去做志愿者，极限帆船赛中我不仅参与了所有船只的装配过程，也有幸尝试过在 GC32 的船上体验航行。这些经历让我对这个新颖的世界愈发好奇。

那时校帆船队不像现在这么先进，既没有教练，也没有自己的船，一切都要靠自己摸索，我们就通过以赛代练的方式，一步步感受、学习和成长。

就这样，大学时我跟着校帆船队参加了二十多场帆船比赛，终于成了我自己心目中的追风少年。

远东杯符拉迪沃斯托克场地赛

极限帆船赛 GC32 掌舵体验

几度远航，归从远方

都说没跑过远航的水手经历是不完整的，远航亦是我心中所向，于是这五六年的时间里，我报名参加了许多远航离岸赛事，例如远东杯、海帆赛、市长杯。但较为难忘的是 2015—2016 的克利伯环球帆船赛，以及 2016 年和 2018 年的悉尼霍巴特帆船赛。

2015—2016 克利伯环球帆船赛

大学读书时，我报名参加克利伯，终于在大三时通过选拔，成了"青岛"号的大使船员，也是那一届比赛中唯一的中国大学生。我参加的是跨太平洋赛段，从青岛到西雅图 28 天不间断航行，3 月份的太平洋异常寒冷，呼啸的大风会不断带走体温，其中艰辛只有自己知道。

参加克利伯环球帆船赛事
遭遇暴风雨

有时候觉得在海上的生活仿佛置身于另一个平行空间，时间不再用天来表示，我需要做的只是每天干活、做饭、睡觉，一个接着一个不断循环。船航行到太平洋中间，到陆地的距离要比到空间站的距离还长，夜晚的漫天繁星总让我想起父母、爷爷，我们家乡老一辈的赶海人。我想，渔民和航海人的精神或许都是共通的，暴风中坚强，海浪里成长，我们都是在这些异常恶劣的环境中拼搏，去寻找自己向往的东西和追求。大海，你让我好生敬畏，海上的人，你让我好生敬畏。

下面是我的航海日记摘录：

　　已经忘了这是航行的第几天，赛程已经过半。我们经过了日更线两天，我觉得应该写点什么留念。现在我觉得自己状态还不错，今中午刚把前帆换掉，准备迎接风暴。

　　我看着屏幕上红色的区域越来越近，猜测这次和上一次风暴哪个更强，上次的风暴已经使风速仪崩溃了，显示172节风速，第一次听到这个数据我内心是崩溃的，后来听说到100节左右，风力仪就不太好使了。

　　所有在甲板上的人，都趴在那，即使大吼也听不见，主帆在海里飘着，还好只持续了5分钟。希望我们能平安度过这次风暴，希望我们的名次再前进几名，像上次那样。

　　风速35节左右，已经持续了好几天，阳光唤醒了沉睡的思维。整个航行过程中能见到阳光的天数不足10天，在海上，天气是影响心情的最大因素。一切都是那么美好，我们开始拿出相机摆拍，各种pose，各种浪。当下风的桅杆触到水的时候，或者船头斩浪的时候会溅起水花，在阳光的折射下形成彩虹，于是一个个炫丽彩虹随着船颠簸的频率出现在船的下风弦。万万没想到啊，彩虹过后迎面来了一个巨浪，直接把我拍到后面的绞盘上，救生衣直接爆开，将我挤在那里。后来我的背部一直隐隐作痛，直到上岸才恢复。

　　昨天夜里值班的时候出现了月虹（月光折射而出现的彩虹）。听起来感觉好高大上，可惜自己没看见。在做午饭的时候，天上又出现了一个大大的彩虹，特别漂亮。下午值班轮到我掌舵的时候风力大涨，最大风速65节，平均风速50节左右，一边听着喜欢的歌一边掌舵真的好爽。

　　还有900海里就完成航行了，有时候觉得这1个月过了好久，有时候又觉得很慢。

很多人问我进入帆船圈的初衷，甚至问我坚持到现在的理由，我想了想，那是缘于克利伯环球帆船赛在英国的赛前培训。当时，我们一行来到英国的航海圣地怀特岛。太震撼了，在那里我第一次见到了传说中的桅杆林，那里的龙骨船加起来可能比全中国还多。怀特岛的常住居民大约有4万人，和我的家乡长岛差不多。可同样是海岛，我的老家却一根桅杆也没有。站在那片桅杆林面前，我就在想，总会有一天也可以在国内见到此番景象。

悉尼霍巴特帆船赛是历史悠久的比赛，有自己的赛事文化。启航仪式备受瞩目，海上的速度与激情，飙升的肾上腺素，在多架直升机的轰鸣声中感受自我。我可以看到海豚在船头嬉戏，翻车鱼在水里不断翻转，鲸鱼送出海上喷泉，夜晚里不断闪烁浮游生物，还有那璀璨闪耀的星河。在海上远离喧嚣的城市，回归自然，复杂的社会关系在这里变得简单。

我的两次悉尼霍巴特冲线都挂着"风暴主帆"

霍巴特著名的管风琴岩

我总能找到各种各样美丽的理由，来说服我自己参赛。我躺在空间狭小的床位上，想要侧身都不可能，上铺的底面距离面部只有5厘米，为了获得更多的新鲜空气，我需要将我的头偏转，舔一口唇边，真咸！

咸湿的海风吹过风帆，
泛白的狂浪拍击船体，
阳光将金色洒满海面，
星空映得你周身明亮。

分享，使我们快乐

2016 年悉尼霍巴特冲线后在岸上等待我的鲜花和啤酒

2016 年大学毕业，我入职诺莱仕，开始接受系统的培训，成为一名职业水手。这里不仅有很好的训练条件和更多的参赛机会，还有高水平外教带我们去学习钻研跑船的技术，使我有了质的提高。2016 年的悉尼霍巴特，第一晚帆杆断裂之后，我还是坚持跑完了赛程。

2017 年，我入职旗鱼体育，开启了一段全新的经历。公司给我

2018 年极限帆船赛安全保障

2019 世界女子对抗赛解说

第13届中国杯帆船赛合影留念

的定位是专业的帆船赛事解说，而我的第一次解说任务就非常巨大——世界青年锦标赛，来自世界上60多个国家和地区的运动员在三亚竞赛，而那时青涩的我，明显看出有些紧张。通过不断的锻炼和培训之后，虽然有了进步，但依然还是有很多欠缺，所以我们就多途径学习国外的文献资料。我想把自己学习到的帆船知识和学习过程与更多人分享，于是范帆帆公众号应运而生。

通过探索和积累，我们发现了国外好多优秀的帆船内容，所以开始做翻译的工作。后来又担心小朋友看不懂，所以就进行了配音。2018年6月2日，我们创建了范帆帆公众号并发表了第一篇文章，截止到2019年最后一天，我们共发出了120篇文章，创造了20万次阅读量，积累了3600名关注者，更是收获了7位志同道合的伙伴，他们是诺莱仕职业水手、国家帆船队翻译、山东省队队员、帆船俱乐部负责人、大学生帆船爱好者……我们有着共同的目标和追求，都痴迷于那片海，都有着对理想的激情与执念。

我们希望这是一个分享知识的平台，在这个过程中，我们不仅自身得到了提高，更体会了学习和分享的乐趣。我们的内容越做越多，许多历史消息的阅读量都涨得飞快，说明很多帆友总

范文硕

会时不时地翻阅历史消息或收藏记录拿出来阅读，但仍有许多帆友不知道范帆帆这个公众号的存在，这也是我们不断奋斗的勇气和动力。而且这些知识还是偏理论，希望帆友们都能结合实践去多多论证。

回顾这些历程的时候，嘴角总是不自觉上扬，我知道这是喜欢做的事情，也是适合我的事情，能从事将爱好和长处结合在一起的事业，提升自己的人生价值，这是我三生有幸。

范文硕：1994 年出生，2015—2016 克利伯环球帆船赛"青岛"号船员，时为青岛大学学生，现为范帆帆公众号主编、诺莱仕导航员、帆船赛事解说。

与帆船的故事

于海洋

提起我和帆船这么多年的故事，作为"奥帆之都"的一名体育记者，从奥帆赛到每年的帆船周·海洋节，从克利伯环球帆船赛到沃尔沃环球帆船赛，再到世界杯和极限帆船赛，我印象深刻的人和事儿可以说是非常多，但是令我最刻骨铭心的还是2009—2010赛季的克利伯环球帆船赛，不为别的，是我从一名旁观者，变成了亲历者。

那是2010年的1月下旬，突然有一天，单位领导把我叫到办公室，告诉我青岛市将派遣一名电视记者和一名摄影记者前往新加坡，登上正在参加克利伯环球帆船赛的"青岛"号大帆船，随船返回母港青岛，

海上丝绸之路上海站采访郭川

俄罗斯摩尔曼斯克采访郭川北冰洋航行

全程进行采访拍摄。领导当时表示，经过全面考虑，我是最合适的人选，希望听听我的意见。听到这个消息后，我的第一反应是有点担心。虽然我不晕船，也跟随帆船多次采访，但那都是在青岛近海，还没有进行过远洋航行。不过第二反应就是有点兴奋，作为一个记者，这样的机会并不多。所以，我很快就接受了任务。

经过一周的准备，我和另外一名《青岛晚报》的记者汤臻在1月29号抵达了新加坡。因为我俩都不会英语，所以，已经参加过一段航行的中国船员张立中专门到机场接我们，并给我们安排了酒店。他带我们游览了这颗位于印度洋和太平洋交接的热带明珠，喝着肉骨茶，吃着榴莲、海南鸡饭，享受着热带冬季暖暖阳光和海风，此时的我们还没有意识到接下来将会经历什么。

第二天，我们来到了船队修整所在的吉宝湾码头，在克利伯组委会办公室，工作人员拿出一大堆表格，并在填写之前，让我们看了一段大帆船在大洋中遭遇狂风航行的视频，最后再次确认我们是否做好了航海的准备，在得到我们肯定的答复后，我们签署了各种文件，领到了航海服，我们也正式成为了"青岛"号的成员。随后，我们把自己的行李带到了船上，船长已经在等待着我们，在张立中的翻译下，船长给我们介绍了船上的各个区域，将我们安排在了船舱最靠前的床位，张立中说新上船的船员都会被安排在船舱最前面，而船长有单独的房间并在船尾，他还意味深长地说："这么说你们就知道为什么这么安排了吧？"看着我俩一脸不知所措的表情，张立中什么也没说，摇摇头就走了。随后，因为还有几名在新加坡轮换上船的船员，船长专门安排了一次出海训练，他惊讶地发现，我们两个记者居然什么工作也不会。要知道所有参加克利伯的船员前期都在英国经历过至少半个月的航海训练，而最离谱的是我俩连英语也不会，可是即便是这种情况下，船长也明确地告诉我们，从登上船的那一刻起，你们就不再是一名记者，而是一名船员。虽然我们通过张立中进行过沟通，但船长克里斯作为一名曾经在英国皇家海军服役的不折不扣、极为刻板的英国人，根本不听我们的解释，一再表示我们可以利用工作以外的时间采访拍摄，他绝不干涉，但是值班的时候你们就是一名水手！这可能就是我们中国人说的同舟共济吧。

2010年2月2号，在盛大的欢送仪式之后，我们从新加坡起航了，船上还有一名中国船员大连人李铁娃，他是从在印尼附近沉没的"库克"号上调配过来的。他和"青岛"号上的中国船员不一样，并不是通过青岛组委会报的名，而是17岁时就到了英国留学，已经取得了英国的绿卡，直接在英国报的名。这样船上的4名中国船员就正好被分为了两组，我和张立中一组，这样起码不会出现语言沟通的问题。起航后，船长首先安排了值班，因为船员较多，大家被分为两组，一组大概有10个人，白天6个小时一班，晚上4个小时一班，极端的情况下船员会被分为三组，大概6个人一组，4小时一班。

刚刚驶出新加坡，天气出奇的好，太平洋就像它的名字一样，没有什么风浪，我们也都沉浸在对于远航的新奇之中，虽然周围都是一眼望不到边的大海，但是这个大海跟我们平时看到的并不一样，真的是湛蓝一片，船头调皮的海豚，清晨突然跃出；看着一下子绽放金光的太阳、夜晚如倒挂在头顶瀑布一般的银

克利伯环球帆船赛航行中

河，仿佛自己的心灵都受到了洗涤。在风平浪静的日子里，晚上躺在甲板上抬头看着数不清的星星，仿佛时间一下子静止了，过去很多遗忘的事情会突然就回忆了起来。

即便在这种情况下，我们也不是没有挑战，首先船长一直在有意无意锻炼我们的航海技能。因为我们是航海小白，所以只能从事最简单的体力劳动——升帆。每次升帆尽管是两个人一组，但必须用最快的速度，就仿佛一个400米冲刺跑，这样一个值班下来，要进行无数次反复操作，所以每次值完班都是筋疲力尽，我的肚腩每天以肉眼可见的速度平了下去，胳膊也渐渐能看出肱二头肌的轮廓。

第二个挑战就是炎热的天气。虽然船头有一个通风口，但怕进水所以一般不开，这就造成了在南中国海航行时，船舱里异常闷热，特别是白天，在太阳直射的情况下，船舱里的温度直逼40℃，整个船舱里混合着汗味、外国人特有的体味和浓重的香水味，睡觉是不可能的。加上张立中告诉我船上淡水紧张，洗衣服和洗澡可以用海水，我的身上很快就长了湿疹，特别是被捂得最严实的屁股。尽管两管皮炎平抹下去，但效果并不明显。后来我才知道，船长允许你用海水洗完后，用淡水冲洗一下。

第三个就是太阳的暴晒。在出发前我们已经准备了防晒霜，但抵抗海上的阳光，根本就不够用。我们能买到最好的防晒霜是50+的，而船上的外国船员都是用的100+的，而且每隔1个小时就要涂抹一次。起航3天我就开始爆皮，甚至脸上都爆，后来只能恬不知耻地蹭老外的防晒霜。张立中告诉我们，炎热的天气只要过了台湾岛就好了。可是，还没到台湾岛我们就遭遇了麻烦。在南海航行的最后几天，我们开始遭遇了大风浪。十几米的浪，让"青岛"号一会儿被抛上天，一会儿又跌到谷底，就像一直在坐过山车或海盗船，我在甲板上看着四周的大浪，感觉好像随时会被大海吞没，而在船舱里休息时，也根本不敢睡觉，因为每次船只从浪尖跌到海面，都会发生巨响，在船舱中听得格外明显，仿佛船底随时都有可能摔碎。而大浪一个个盖过来，让船上所有的东西都是湿的，格外难受。我曾经想拍摄巨浪来袭的镜头，船长却告诉我不要干傻事儿，如果我落水的话，这样的海况他绝对不会救我，因为这样可能会有好几个人送命。同时，我也迎来了第一次晕船，当天午饭吃的是牛肉炖土豆，土豆已经完全变成了土豆泥，老外放了非常多的黄油，吃起来异常油腻。从吃晚饭我就感觉有些不舒服，找船长要了服用的晕船药以及贴耳朵的晕船药，都没有太大的效果，所以一下午没在船舱呆，一直在甲板吹风。可是到了晚上准备睡觉时，突然就受不了了，想跑回甲板已经不可能了，直接冲进了厕所，然后整个厕所到处都被我污染了，而我也一直待在厕所里。因为风浪太大，在厕所里站不住，只能坐在一堆污秽之物中，抱着马桶。等我从厕所出来时，船长已经在门口等我了，可我等来的并不是对我身体状况的询问和安慰。只见他拿着一只黑色的塑料桶，对我说："以后晕船吐在桶里，另外，把厕所清理干净，不要影响别人使用！"就这样，外部依旧波涛汹涌，我就用一个抹布，坐在厕所的地上，整整清理了一夜，才符合了船长的要求。因为在封闭的船上，这样的污秽之物不清理干净，很可能造成疾病的传播。而在远洋航行中，一个普通的感冒或者腹泻就有可能对生命造成威胁！

2月13号，经过三天的时间，风浪终于过去了。而这一天也是除夕夜，用我们几个中国船员的话说，这是咱们中国的龙王给面子。原本准备给老外包饺子的想法也因为这场风浪而放弃。不过，也不是完全没有年味，我们为了躲避商船和渔网而不能走繁忙的台湾海峡，所以要绕到台湾岛以东的外海再向北。年三十的晚上，我们突然发现左舷远处有一座城市，并且不断有礼花和爆竹在城市上空绽放，拿出已经放了好久的手机突然发现有信号。我们马上给家人打去电话，其实真正告别家人也就十几天的时间，但是在海上这样航行，体力、心理上的考验让我感觉过了好久。突然听到家人的声音，看着远处的万家灯火，我们几个中国船员都哭了，大家哭得异常伤心，真的想家了。

绕过台湾岛继续向北，因为"青岛"号上有一面鲜艳的五星红旗，这就引来了台湾的一艘军舰，一直跟随着我们航行，直到离开台湾附近海域。经过台湾后，随着气温的降低，天气越来越差，大风大浪成了家常便饭。因为冬季一直刮北风，我们只能逆风航行。船只走的是一个"之"字，不仅需要不断地升帆降帆、不停地迎风转向，大量消耗体力，而且睡觉也是一直斜着睡，根本无法好好休息。加上天越来越冷，还一直下雨，所有的衣服都已经湿漉漉地穿在身上，连走路都成了一种极大地消耗。还有外国船员的厨艺，使得进餐也成为十分困难的事情。各种问题加在一起，使得体力上的极度消耗变成了心理的崩溃，每天几个中国船员聊的话题，只是还有多长时间能到家。整整一周的时间，我没有上过大号，甚至最后两天的时间没有下过床、值过班。忍无可忍的船长第一次穿上他的航海服站在床边不断地斥责我，

克利伯环球帆船赛回到青岛

虽然我听不懂他说的是什么，但是显然不是好话。开始我还没有在意，直到张立中告诉我，旁边一位外国船员一直在拍摄船长斥责我的视频。外国人本来对中国就不了解，咱们出来上了船，和外国人生活在一起，在他们看来，咱们代表的就是

中国，就是青岛，咱们不能丢人！想到这里，我马上下了床，穿好衣服，重新登上了甲板。后来，船长告诉我，他这么做就是故意刺激我，如果不这样做，我很可能只能一路躺回青岛。

经此过后，我仿佛突破了自己的极限。虽然天越来越冷，但这也说明离家越来越近了，最后冲刺的48小时，我们全员24小时吃住在甲板上值班。2月18号晚上6点，我们冲过了位于潮连岛外海的终点线，第三名的成绩也成了当时"青岛"号在历次青岛站比赛中的最好成绩。第二天一早，在初春和煦的阳光中，我们驶入奥帆中心。盛大的欢迎仪式，那么多的亲戚、朋友，我的大脑当时一片空白，只是不断地流着眼泪和认识的每一个人拥抱，太多的感触，只能通过这种方式表达内心的激动，真是太难了！仅仅19天的航行，我的体重足足掉了20斤。现在回想起来，就像当时生平第一次接受自己同事采访时说的那样，连这种苦我都能坚持下来，人生还有什么苦吃不了？

于海洋：1982年出生，现任青岛市广播电视台电视新闻中心社会热线新闻部业务主管。2010年跟随参加克利伯环球帆船赛的"青岛"号大帆船从新加坡起航返回青岛，成为中国第一个有着2500海里远洋航海经验的电视新闻记者；并且全程采访了郭川的创纪录单人不间断环球航行和北冰洋创纪录航行以及宋坤的克利伯环球航行，多次获得全国、省级新闻奖。

Bertrand Hould 的故事

关雅获

亲爱的，我们一起出发吧

2019 年 7 月 31 日的傍晚，加拿大 Drummondville 小镇一处幽静的庭院里灯火通明。

69 岁的 Bertrand Hould 正坐在家里，吃着他最爱的意大利肉酱千层饼，每一口，细嚼慢咽，好像不舍得把这顿饭吃完。如果一切顺利，下一次要在家里吃自己做的千层饼，就要等到整整一年后了。

这栋带独立庭院的房子是 8 年前盖的，Bertrand 自己设计了房子前的庭院、游泳池还有花房。进院的石板路和游泳池的石板是他自己动手一块一块裁切，然后精心铺装出来的。此后每年夏天，几个孙子、孙女跟着父母来探望他时，都会在游泳池里泡一会。

今晚是 Bertrand 出发前往英国参加克利伯环球帆船赛前与家人团聚的最后一夜。在过去的一周里，类似这样的送行晚宴几乎每天都有，各种朋友、家人都来探望、祝福，就像全家在夏天过了一次圣诞节。

出发前最后的这次家庭聚会，几个女儿、儿子全家都赶了过来，在蒙特利尔工作的小儿子特意开车赶过来，跟几个孩子一起开车送老爸前往蒙特利尔国际机场。几个孙子、孙女围着饭桌跑来跑去，一大家子晚饭其乐融融，此刻 Bertrand 心里却一直在想念一个人——跟他一起度过 30 年的妻子 Denise，在一年多前因为脑癌永远地离开了他。

晚饭后，大家忙着帮 Bertrand 收拾出发的行李，而 Bertrand 站在卧室里，静静地看着这个他再熟悉不过的空房间，这里留存着他与 Denise 许多美好的回忆。

"Bertrand，再不走就赶不上飞机了哦。"院子里传来二女儿 Genevieve 的声音。

开车到机场还需要大概 90 分钟的车程，蒙特利尔直飞伦敦的航班十点半起飞，难怪 Genevieve 着急。

"亲爱的，我们一起出发吧，去环球航海一周。无论我在哪里，我们每天都在一起。"Bertrand 低声嘟囔着。

窗外的月光照在卧室的双人床上，床上现在只有一个半身的

Bertrand Hould

人影。Bertrand 手里摩挲着一个小盒子，里面是妻子 Denise 的一点点骨灰，他小心翼翼地把盒子揣到怀里，转身出了门。月光再次照亮了整洁的双人床，这幢房子里的时间再次进入到等待模式。时间在静静等待着 Bertrand 再一次完成新的冒险，时间在等待着一年后这里的下一次全家团圆饭。

从摔晕到暴走

我把两个行李驮包扔上"青岛"号的甲板，一抬头就看到了一头白发，戴着老花镜，正忙着倒弄补帆缝纫机的Bertrand。

8月19号，这是我第一次见到Bertrand。虽然之前我看过船员名单和照片，但看到他的样子，我还是有点惊讶。他应该是"青岛"号60多位参赛船员里年纪最大的一位，而且还是一名环球选手。

"这得跟我爸一个岁数了吧？"我心想。后来才知道，Bertrand是1950年生人，只比我爸小一岁。

因为南非签证的特殊规定，申请人只能在预期入境三个月前提交申请，所以我无奈错过了8月12号开始的"青岛"号赛前筹备周（Preparation Week），但好歹赶上了8月20号开始的克利伯船队从Gosport起航前往比赛起点伦敦的送船周（Delivery Week）。

见到Bertrand的时候，他跟着十几个船员，在船长带领下，已经忙活一周了，各种赛前的筹备工作非常繁重。

我重返英国Gosport这天，"青岛"号上的赛前筹备工作进入尾声，但甲板上依然一片狼藉，摆放着各种维修工具和材料，包括Bertrand一直在折腾的缝纫机。

老爷子这身子骨看着结实，人也精神，爱大笑，但有点多愁善感，经常自己坐在甲板上吹着口琴，是一首温柔的歌，听着特别耳熟。

我跟他开赛后都分在Golden Watch（另一班叫Red Watch，据说金色和红色都来自"青岛"号船身上那只飞龙）。我跟他聊天时，只要聊到动情之处，他都会情不自禁地默默落泪，看来他也是一个性情中人。

Bertrand最初吸引我注意力的是他右脚踝的一个文身——一个

IRONMAN 铁人三项赛粉红色的 logo。"可以呀，IRONMAN 看来都完赛过！"我心里默默给了个大拇指。我也热爱耐力运动，所以只要看到同类人，很容易判别。Bertrand 整体的精神气质，一看就知道热爱户外运动。这让我突然想到了我爸，因为我家老爷子打从我有记忆开始，就一直坚持每天早晨跑步 10 公里，所以我从小晨跑的习惯都是跟我家老爷子养成的。我从没体验过三项赛，一个脚踝上的文身让我对他多了一份莫名的亲切感。

2019 年 9 月 1 日下午 2 点，克利伯环球帆船赛的 11 艘 70 英尺帆船终于从伦敦圣凯瑟琳码头出发了。本来 9 月 1 号是克利伯的开赛仪式日，由于整个船队在来回两次穿越伦敦塔桥后，当晚在伦敦入海口的码头抛锚了。因此，9 月 2 号的上午 10 点，11 艘船才列队正式出发，比赛正式开始。

不幸的是，船队出门就撞上了涌浪翻滚的英吉利海峡，别说找谁聊天了，全船大概一半多的人都有晕船症状。我第一天就吐了，但吐完就精神了。

Race 1 一共 6 天的赛程，我后面一天比一天精神，逐渐进入状态。Bertrand 比我惨，他第二天就从床垫上摔下来了，摔得还挺惨。

第一天出发后，因为颠簸也晕船，Bertrand 本来在船舱里休息。但因为迎风颠簸，船体倾斜度很大，突然一个转向，我在甲板上听到船舱内传来"咣当"一声，后来才知道是 Bertrand 从床垫上被甩出来了，重重地砸在了船舱地板上。

第二天白天我才见到他，估计医疗官 Pip 或者 Donna 给他做了处理，但看上去还是挺严重的——整个右眼周边和颧骨肿得很高，眼眉上缝了 5 针，本来老而帅气的脸，因为肿胀，再加上包扎，整个人看起来有点像电视剧《侠胆雄狮》里的文森特。

我好歹跟着孙灵野老师学了一年的野外急救，对各种外伤的性质和处置也有了比较充分的了解，所以瞧一眼就知道，都是硬伤，没啥大事。况且，老爷子可是铁人（IRONMAN），这点伤难不倒他。

老爷子连晕船三天，加上摔伤，整个人特别萎靡不振，基本就没怎么正经上过甲板值班。但不知道后来发生了什么，老爷子突然在后三天的状态就"暴走"了。

Bertrand 在船上的岗位是补帆师，他和 Joanne 是"青岛"号上的补帆二人组。开赛没多久，在繁忙的商业航道中因为要躲避一艘前面的货船，3 号球帆被划破了一个大口子。或许球帆受损激活了 Bertrand 进入"比赛模式"，他和 Joanne 在船舱内几乎连轴干了将近三天。

Bertrand Hould 在甲板上

在 Race 1 比赛最后一天，他们俩居然神奇地把我们觉得可能"没救了"的 3 号球帆彻底补好了。或许是他自己也受到了某种鼓舞，Bertrand 后三天精神头一天比一天足。

当 Race 1 抵达终点葡萄牙的 Portimao 小镇，

在甲板上

补帆二人组把3号球帆铺在码头旁的地上，再次认真检查补帆完成情况，组委会的技术人员在一旁评论说："这是非常专业、几乎完美的修补。"二人组听了后，非常高兴。

整个Race 1，"青岛"号上弥漫着一种轻微的兴奋感，混杂着各种快乐的手忙脚乱。我当时在忙着找状态，并没找到合适的机会跟Bertrand聊天。

为爱错过的比赛

"你为什么来克利伯？而且还是环球？"我问得非常直截了当。比赛进入到Race 2，前8天一路顺风，我俩终于可以舒服地聊天了。

"我喜欢冒险，喜欢挑战，喜欢运动，为什么不呢？"Bertrand回答得也非常直截了当。

"Denise在2018年的夏天去世，之后我的状态并不太好。有一天，我女儿Genevieve跟我说，她在电视上看了一部克利伯环球帆船赛的纪录片，讲的是有一届克利伯比赛"西雅图"号上一个女船员的故事。然后她告诉我，认为或许我对这个比赛会有兴趣。"Bertrand打开了话匣子，如果你不想按暂停键，他可以一直说下去。

"虽然Genevieve是Denise与前任丈夫生的女儿，但我一直把她当作自己的亲女儿，而且Genevieve是几个孩子里最懂我的。她知道我需要一个挑战，让自己振作起来。"

"然后我就开始在网上看与克利伯比赛相关的视频和纪录片，这个念头在脑子里慢慢酝酿，但其实也并没有花太长时间。大概是去年10月底，我做了最终决定，报名参加环球赛段。如果我能顺利完成，那时候我刚好70岁，对我来说也是一个不错的生日礼物。"

　　Bertrand 继续滔滔不绝，我突然想起什么，指着他的脚踝问："您是哪一年完成的 IRONMAN ？"

　　"2012 年，那是我第一次完成 IRONMAN。的确值得纪念一下。"

　　IRONMAN 是全世界最知名的三项赛赛事品牌，也称"铁人三项赛"，现在"铁人三项"甚至已经成了"三项赛"的代名词，实际上 IRONMAN 是这家赛事品牌所属公司注册的商业赛事商标而已。要成为"铁人"，需要在规定时间内，先在公开水域完成 3.8 公里的游泳，然后骑行 180 公里的公路自行车，最后完成 42.195 公里的公路马拉松。而很多人在奥运会上看到的三项赛，也称为"奥运会三项赛"，需要游泳 1.9 公里，骑行 90 公里，跑 21 公里马拉松。国内玩三项赛的朋友，一般把 IRONMAN 称为"大铁"，目前在国内完成"大铁"的运动爱好者，数量可能只有区区几百人。

　　"后来还有再去挑战 IRONMAN 吗？"

　　Bertrand 突然陷入了几秒的沉默。"2018 年，我本来要参加人生第二场铁人赛，但 Denise 的病情加重了，她要做一个非常重要的手术，手术时间就在我比赛前几天。虽然当时我比赛的机票、酒店等很早就都预订好了，但最后我还是选择放弃比赛，一直陪伴在她身边。"他停下来，像是想起了什么。

　　"30 年来，我们从来都是互相优先替对方考虑，一直如此。我为我们俩感到骄傲。"然后，Bertrand 陷入了更长时间的沉默，他拿出口琴，悠扬的口琴声，曲子特别耳熟，名字却一时想不起来了。

　　我俩继续一起坐在甲板上，都很享受此时这段不必交谈的时刻。

　　加拿大 Drummondville 是一个不大的小镇，只有大概 75000 人的固定居民，Bertrand Hould 一辈子就生活在这里。他年轻时在小学做体育老师，但也教英文，他的第一语言是法语。后来退休前，利用多年的教学经验，他曾去Laval大学给老师群体上过跟教学规划有关的课，直到1993年，他正式退休。他年轻时候就热爱各种运动，甚至在1979年还成立了一间自己的少儿冰球学校，一直运营到1989年。至于三项赛，他从1996年才开始尝试，此后20年里，他完成了大概30到35次不同距离的三项赛。至于帆船经验，他跟我一样，几乎是零。

"那你会补帆是怎么回事？"我听到这里，必须打断一下。

"我除了教体育外，没有帆船相关专业知识和积累。但说来很巧，我决定参加克利伯比赛之后，在小镇也算是个不大不小的新闻。有个开杂货店的朋友，他特别懂帆船，包括维修和补帆。他特别热情愿意帮我，我就跟他在店里学了5天的传统手工补帆的手艺。然后在赛前，我被分配了到补帆师的岗位后，跟着克利伯组委会的补帆培训又学了一部分。"

"我第一天见你倒腾那个缝纫机，看着你好像也不太熟的样子呀。"

"是呀，那个缝纫机基本靠自学，我在网上下载了那个型号的说明书，自己研究了两个星期，也是到了克利伯才见到真机器。"说完，我俩都哈哈大笑。我心里对他"活到老，学到老"的态度又多了一份敬佩。

"'青岛'号是你自己选的，还是组委会分配的呀？"

"当然是我选的，因为Denise出生于1952年，你们中国的龙年，她属龙。我一直对中国文化感兴趣。因为Denise，家里一直有龙的玩偶。在我看克利伯纪录片的时候，我一眼就看中了'青岛'号，因为船身飞翔的龙实在是太显眼了。'青岛'号是最漂亮的。所以，在我报名给组委会发邮件时，我就把家里龙的玩偶拍了照片给他们，指明说我要上'青岛'号。"

Bertrand每次说到Denise，都会越说越激动。这样看来，Bertrand踏上克利伯的"青岛"号，也算冥冥之中的一种缘分吧。

GO !

Bertrand 参加这次比赛，还肩负着另一个任务，就是通过这一年克利伯的比赛，努力为一家脑癌研究中心募款。这家脑癌研究中心的负责人 David Fortin 医生就是他妻子 Denise 的癌症主治医生。

"Denise 生病后，直到去世前治疗了一年半。我慢慢才了解到，目前关于脑癌研究的投入非常有限，所以我想为了 Denise，为了更多病人做点什么，我希望 David Fortin 的研究能够有足够的资金支持，继续下去。我发起的募款就是想影响一些身边的人，不用捐很多钱，哪怕就是每天少喝一杯咖啡，每天少抽一支烟，省下来的钱就可以。最重要的是让更多人关注到对脑癌的研究。"

Bertrand 是个行动派。2018 年 5 月份，在他第一次前往英国参加克利伯赛前培训前，他就在家乡发起过一次针对支持脑癌研究的募捐集会活动，现场有几百人参加。在他另一次出发培训前的欢送会上，亲朋好友来了 170 多人，他依然念念不忘地宣传他为脑癌研究募款的活动。

每次提到自己最心爱的人，Bertrand 的表情总会变得越来越温柔。他回忆说："现在我在海上航行，常常想起 Denise 去世前的那段日子。那时候，她还能正常走路，我们每天都在一起，一起去音乐节，一起去看脱口秀演出，一起去听交响乐音乐会，一起看戏剧演出，一起看电影……"直到最后，她已经不能站立后，我就用轮椅推着她，一边散步，一边唱歌给她听，一直唱，有时候我能跟她边唱边聊 4 个小时。

几天后，日子快到了，我把所有的儿子、女儿、孙子、孙女们都叫到她的面前。我俩在一起之前都有过一次婚姻，各自生过两个孩子，我俩后来又生了一个儿子，但我们把他们都当成亲生的孩子。那天 Denise 跟所有的孩子们说："对亲人和爱人，一定互相体谅，互相为对方考虑，互相以对方优先……"Bertrand 哽咽了一下，眼泪掉了下来。

原来 Bertrand 之前一直念叨、为之骄傲的话，也是来自 Denise。

"你还记得她最后跟你说的话是什么吗？"

Bertrand 再次陷入沉默，他的嘴唇动了几次，我不知道他是在努力回忆，还是在努力克制住自己的哽咽。或许此刻他的脑海里，不断闪回着他与 Denise 共度的这一生。

"GO！"Bertrand 终于回答，"她最后对我就说了这一句：GO！"

我像是被什么猛一下击中胸口，一时间哑口无言。

生命要继续，生活要继续，继续大步向前，拥抱生命，或许这是 Denise 一生对 Bertrand 最大的嘱托。

You Are My Sunshine

"Yadi，你知道吗？"过了一会儿，Bertrand 打破沉默，对我说，"在我确定报名克利伯之后，有一次在家里收拾东西，发现一封 17 年前我写给自己第一个孙子的信。信的内容大概是祝福我的孙子，希望他长大以后成为一个勇敢的人，要敢于踏上船，扬帆远航，寻找自己的彼岸，找到心中可以停靠的港口。"

"我突然发现，原来这封 17 年的信明明是写给现在我自己的呀。"说完，我俩又哈哈笑了起来。我心想，自己又何尝不是呢？

"你有想过，在你完成克利伯之后做什么吗？"我继续问。

"还不知道，我有一年的时间去思考。或许我会去徒步吧，从意大利出发，终点在西班牙。"

"啊，是朝圣之路，这个我知道，去年我穿越比利牛斯时有经过一部分。"

"是的，那条线有很多个起点，路线可以自己定，对我或许是一个新的挑战吧。"

每一个选择环球帆船航行的人，内心都应该有一个值得被讲述的故事，而 Bertrand 的旅程才刚刚开始。

他在 Race 1 摔伤的脸已经消肿，也拆了线。戴着墨镜的他，看着还是酷酷的，以至比赛前在圣凯瑟琳码头的公开日那天，两个登上"青岛"号参观的中国女孩看到帅气的 Bertrand 老爷子，都争着与他合影。

我突然想起什么，问他："Bertrand，回头你能给我一张你跟 Denise 结婚时的合影照片吗？我想放到文章里。"

"抱歉，我给不了你。"Bertrand 慢慢说道，"我跟 Denise 从来没有结过婚。我俩十几岁时认识，青梅竹马。但后来阴差阳错地分开了，各自有了婚姻，但都失败了。分开 20 年后，我们再次相遇，然后就再也没有分开过。"

Bertrand 的口琴声再次在耳边响起，我终于想起这首他经常在船上吹奏的曲子的名字——《You Are My Sunshine》。

关雅荻：1979 年出生，国内资深电影人，从事制片、发行、宣传营销垂直产业链一线工作 20 余年，参与过数十部国产电影、引进片的制片发行管理和市场营销工作。2019—2020 克利伯环球帆船赛"青岛"号船员。《雅荻跑世界》第 4 集克利伯环球帆船赛，跟随比赛的进程，以关雅荻的参赛船员视角，进行全程拍摄。

航海十年

张能

十年弹指一挥间，那段激情燃烧的岁月，犹如尘封的探险笔记，恍然间又被翻开在眼前。

想当初，我青春年少，意气风发。眺望海边，便以为看到了世界。扬帆，起航。

逐浪

少年生在海边，长在海边，怎么能不逐浪于海边呢？青岛自从举办克利伯环球帆船赛，便得到了家乡人民的热情关注。林主席以其一直以来风行果敢的工作态度，风趣亲切的关心指导，始终推动着训练情况和赛况良性前进，克服缺少训练场地、天气恶劣等问题，最终使整个环球赛程完美收官。

在此前后 10 余年间，青岛帆船人付出的努力辛劳使青岛航海事业突飞猛进，比肩国际。米杨处长曾亲自陪同指导，忙前忙后，体察入微。刘航刘姐，作为工作组成员，梳理事宜细致认真，亲切如自家姐姐。苗苗，可爱如自家小妹，热情活泼，沟通工作游刃有余。闲暇时间大家也开心玩耍、亲密无间。赵淳教练作为训练指导，以澎湃的热情和丰富的经验指导我们进行游泳、臂力、体能、耐力等训练，让我们以充分的准备投入到赛事中。肖春教练作为技术指导，一直以满腔热情奔波于各大帆船基地之间，为队员进行身体素质和技术测试训练，用专业技术来为家乡的帆船事业添砖加瓦。向海而生的郭川船长，也曾言传身教。我们船上这9个人，纪哥、海洋哥、高君哥、严之、张锋哥、高红姐、张立中和于莹妹更不用多说，不仅代表着"青岛"号的形象，更是中国精神。出了青岛港，大家一路上认真负责，互帮互助，经此一役，不但成了共经风雨的好伙计、好姐妹，也与帆船赛中船上的、船下的不列颠兄弟、亚洲天团和非洲老铁等结下深厚的友情，携手Facebook闪亮出道。可惜当时还没有直播礼物可以点关注，不然一路上的美景和趣事也能赚得不少直播大游艇吧！

每一个航海人，必须有姓名。每一个感动事迹，都值得铭记。

彼时，众多亲朋好友，同学伙伴，在电视上看到我们扬帆起航的赛程，纷纷向我发来问候。他们的亲朋好友得知赛况之后，也纷纷关注起这一项赛事来。还有来自城投等社会各界企事业单位的积极参与，都体现了我们青岛众志成城，孵化帆船之都的决心。我感觉全市人民的热忱都投入到了这项盛事中。直至今日，帆船赛事激情不灭，如火如荼。入门级的克利伯和顶配级的沃尔沃，成为历年春节焦点。如今的奥帆中心，那密密麻麻的白色桅杆，便是时代的最好印证。

远航

回想当年，我躺在甲板上，如咸鱼一样仰望星空，我想，航海是为了什么？

从大航海时代开始，欧洲人的祖先茹毛饮血，背井离乡，抢占财宝与资源，海运外贸初见雏形，孕育了 3 次工业革命与科技突破后，航海也退而成为一项贵族运动。反观我国彼时除了郑和七下西洋的壮举，历经改朝换代，海疆战绩再无重大建树。

当代，随着帆板、帆船、大游艇进入我国，航海首先作为一种休闲方式频频出现在媒体，在港澳台地区作为富豪身份的地位象征，引人遐想，而普通人只能望洋兴叹。

跨入新世纪后，科技与金融急速发展，从奥运会筹办，大国国力上升，到海洋战略和资源开发，各项诉求给我们青岛带来新的转机。借助海上事业发展的东风，青岛创奥帆基地，建帆船之都，办各大赛事，探海底资源，乘蛟龙下潜，辉煌成绩有目共睹。

在比赛中，我有幸看到了传说中的巴拿马运河，船闸三重门，并行三只船，令人叹为观止；我学过的每一句英语，在不列颠人看来都是跟"呵呵"一样相反的意思；原来夜半星空真的可以是天蓝色；渔人码头的大螃蟹，比香格里拉的还大四倍，肥硕的小腿肚里全是肉，吃完回味无穷，内心久久不能平静……

所以航海是为了游历世界张知识吗？不，还不够。

海面风平浪静，海底暗流涌动。

船上的日子，除了美景，更多是一望无际的茫然与艰苦枯燥。先吐几天，然后轮班、喝茶、睡觉、开船，4 小时的不断循环，风吹雨打、升帆降帆、调角缝补、打扫做饭、闭眼的我真想睡觉，睁眼一看怎么还没到？

然而这一切在威尔士人、苏格兰人、英格兰人的"不列颠三足"插科打诨，顿顿喝茶中竟然变得没那么无趣。时而加油鼓气，时而模仿一下亚洲蹲，调侃一下 Simon 的胰岛素肚皮针，晕船时笑眯眯地催我快把英式特调暗黑料理咽下去，回想起来竟然有种看英剧的黑色幽默。有了这些调剂，再苦再累也不怕。得益于良好氛围营造出来的团队，我们胜利通关到达终点。

磨砺才会让人成长。难忘的回忆，都是坚持换来的奖赏。走过这一步，才知道路在何方。世界正以精妙的逻辑链优雅运行。

进取

如今，十年小时代过去，青岛成果已铸，脚步未停。每年的克利伯和沃尔沃，坚持举办；新的赛事，层出不穷。已经有近百人参加过克利伯比赛，参与海上运动的人越来越多，从进校园到进家庭，从专业赛到家帆赛，运动形式丰富多样。郭川船长已是中国职业帆船第一人，仍然选择突破自我，开启单人不间断跨太平洋创纪录航行，身先士卒，武将死战。同时，在物力方面，随着通信技术的提升，我们有无人机、流媒体来延展视野，有5G和北斗来保驾护航，还有多种设备记录壮阔场景影像。从现在的比赛画面中依然能感受当年的震撼。大自然显得不再残酷。星星之火，可以燎原。以后我们也可以成长为经验丰富的船长，组建自己的"青岛"号，让更多的人参与航海。

帆船之都已实现，然后呢？

目前，国内城市深圳、三亚、珠海、苏州也争相发展航海运动，甚至武汉、潍坊也异军突起分一杯羹。他们或有更舒适的气候，或有更繁荣的经济，为全国竞技体育和孵化环境带来新的机遇和挑战。

古有九天揽月，今有嫦娥问天；古有五洋捉鳖，今有蛟龙下潜。星辰和大海是人类对天地永恒的探索，更是对资源的渴求。作为大陆国家的沿海先行者，航海不只是城市名片，在不远的未来新航海时代，当揽月捉鳖也成为新的休闲运动时，我们如何笑傲江湖呢？

站在上个十年的末端，遥望下个十年之彼端，这一年发生了很多事，也有诸多思考。大航海时代距今已 400 年，身处新技术革命的时代大潮，在当前国内外形势下，如何突出重围，逐浪于世界舞台上？当我们仍沉迷于初代城市 IP 之好山好水好海鲜、啤酒蛤蜊北九水，深圳、杭州等沿海城市已飞速崛起。

优秀的地理位置和气候条件是大自然赋予我们的得天独厚的优势，我们青岛人，不缺艺术细胞，不缺强健体魄，不缺敏捷思维，安逸的环境待久了，可能只少一点进取精神。缺少良性循环，为他人作嫁衣。作为新一代弄潮儿，大航海精神还是不能丢。不但要纵情于惊涛骇浪，还要以开拓性的思维，开放进取的心态，集众人之力，努力向前一小步，迈入新航海时代。在山的那边，海的那边，仍然有新的宝藏被时代孕育。不走过去，永远都无法解锁下一关的未知宝藏，勇敢地往前走，原来真的有更大世界存在。

现在，更多年轻人登上历史舞台，怎么做就看你们的了。当然我们也会屹立潮头，迎风而上，鼓帆前行，不会轻易被后浪拍死。不信，你，过来呀！

张能：1985 年出生，2009—2010 克利伯环球帆船赛"青岛"号船员。

出生于青岛的"女汉子"

杜飞

　　1982年出生的我酷爱运动，有着男孩子一样的性格，倔强、好强。从小在海边长大的我，选择了帆船运动，成了一名优秀的帆船运动员。

　　2007年年底，克利伯环球帆船赛，我在"青岛"号上进行了一场艰难的航行。

　　航行并没有想象中的顺利，从新加坡出发，我们一开始就遇到了些麻烦，一位船员摔出船外，险些掉进海里。接着，我就病倒了，连续一周高烧41℃，这是我从未遭遇过的困难，回想起那段日子，我仍是唏嘘不已。

　　高烧状态下，我哪里都不能去，只能待在船舱里，而当时船舱内近45℃，又闷又热，那种感觉实在是太糟糕了。当我的体温从41℃突然降到35℃，身体机能开始衰竭时，随船的队医说我离死亡线只有十几分钟的时间，船上的队医启用了紧急救护措施，当所有船员都在为我祈祷时，我内心的感受是不能用语言表达出来的！我知道自己内心有一个坚定的信念在支撑着我，我代表的不是我一个人，我代表的是青岛八百万人民和我的祖国。

2008年的克利伯全家福新加坡—青岛赛段

船长考虑到我的身体情况，在和船员们商议后，决定改变航向，将我送往菲律宾进行治疗。但是好强的我却要坚持完成比赛。也许是我的坚持感动了上天，就在船离菲律宾不远的时候，我的体温开始恢复正常，病情好转，随船医生诊断之后，同意我继续留在船上参加比赛。

海上航行的日子，船员们不仅要时刻面对各种紧急状况，身体上承受着巨大的压力，更困难的是要忍受孤独和面对自己内心的脆弱。那一年的春节，我们是在海上度过的。因为船上大部分都是外国船员，所以大家并不知道大年三十这一天的意义，我只能和船上的另外一名中国船员和一名中国随船媒体记者互道了一声新年快乐。那一天，我偷偷躲在船上的卫生间里痛哭了一场。在春节的时候不能和家人团聚，还要应付紧张的比赛，又经历了严重的病痛，春节连一个电话都不敢打给我的妈妈，我怕自己会坚持不住在电话里泣不成声，会让她担心和挂念。

2008年2月17日，"青岛"号缓缓驶入青岛奥帆中心，在船上的我显得格外的激动。我的激动不仅仅是回到家乡的兴奋，更多的是经历了航行中种种艰辛和困难之后的五味杂陈。

此后，我的"帆船之路"越走越长：

2008年荣幸地被选为青岛市帆船名人。

2009年再次入选了青岛克利伯环球帆船赛，并参加了牙买加—纽约赛段。

2009年独自踏上了法国帆船留学之路，与当时同在法国学习的郭川成了"同门师兄妹"。

2010年带领"龙子"号帆船在摩纳哥优胜杯的比赛中获得了季军荣誉，成了第一个参加摩纳哥赛事的中国人。

当时的颁奖嘉宾问我为什么参加摩纳哥赛事，我很骄傲地回答他说："我是第一个参加摩纳哥帆船赛事的中国人，但是我确定我不会是最后一个，会有越来越多的中国人来参加这个赛事。"后来我才得知第二个参加摩纳哥赛事的中国人是郭川。

2011年，我被任命为青岛市帆船帆板协会驻北欧的首席代表，为青岛帆船事业继续发光，发热。

梦想不是漫无目的，梦想是通过自己的努力一步步走向成功的过程。

杜飞：1982年出生，帆船运动员，1998—2005年从事470级帆船运动，曾取得全国帆船赛第二名和全国冠军赛第二名的成绩，2006年加入青岛海顺帆船俱乐部正式开始了远航，成为当时中国大陆唯一的远航女船长，并在青岛帆船帆板协会的带领下完成过多个历史性的第一次。

2007—2008克利伯环球帆船赛船员，成为中国第一个参加克利伯环球帆船赛的女船员。

青岛"土著"的国际航海梦

邹仁枫

我是青岛"土著",小时候因为长得黑、调皮、惹是生非又格外结实,大人都叫我铁蛋儿。旺盛的精力、无限的好奇心、超强的学习理解能力让我着迷于折腾零件组装、自行车、书法、手工等爱好,也许在那个时候操作更大的机械成了我快乐的源泉。

航行在英吉利海峡

莫奈的名画带我上船

2014春天，我和往常一样无奈于晚高峰严重的堵车，索性沿着办公楼下的五四广场溜达到奥帆基地消磨时光。那天是天文大满潮，高涨的水位把洁白的小帆船托举到步行道边，矫情地挑拨着路人的目光。几乎一步就可以跨过栏杆跳到船上，此刻是一名青岛土著第一次细细地打量一艘帆船，尽管我在海边长大，步行到海边不足10分钟。

船上冷酷的老船长，自顾自地收拾着缭绳，慢慢地将船沿着水道，朝着夕阳驶离码头。越发娇羞的斜阳，想躲进西面的山丘，随意地把橙色的曳光裙子扫在白帆上，却映出了金色的帆面；平静的水面，被船划出两道箭型涟漪，老船长飘逸淡定的身影渐行渐远，消失在落日余晖之中。沉醉于这美景的我，回过神来，想起了莫奈的那幅名画，原来它也在青岛。

舢板之于《日出》，帆船之于《落日》，我认为青岛的《落日·印象》

更胜于莫奈的《日出·印象》，那是青岛的美——我的家乡。

《日出·印象》莫奈

从那天起，我立了一个flag，今年要学驾驶帆船。那种离开陆地的自由，让我仿佛发现了新世界，那种淡定飘逸的船长气场，着实触动了我这个钢铁直男的心。

也许是上天的眷顾，第2个月，我很荣幸地结识了青岛航海运动学校的曲校长。在他的帮助下，我成了航校的一名帆船学员。

此后的 3 年时间里，我将我的大部分业余时间都泡在了海上。在圈内，人们都说肤色代表专业度，我这黑上加黑的肤色，俨然成了奥帆中心帆船爱好者中的新晋超专业小白。

在这样一个没有规则的海洋世界里，你却需要学习更多的规则，那是我对初阶培训的总结，特别是安全规则。

回想起，那 3 年的时光，也许是我最快乐的一段日子，每周末都是航海日：

蓝天白云，星辰大海。

亲朋同船，笑颜欢谈。

清风徐来，悦海览城。

在海上看青岛，从西至东，从栈桥到奥帆中心，一幅百年历史的画卷徐徐展开；

在海上看青岛，你能深切体会到旧城改造，市中心东迁壮丽的城市发展史；

在海上看青岛，你能由衷地感叹于在党的领导下，城市变迁、百姓安居乐业；

在海上看青岛，你能赞叹于人们是多么喜欢和保护这座城市；

在海上看青岛，你能满足于收获外地朋友送上的羡慕和赞美；

它既是线性的、平面的，也是立体的、四维的；

它既是历史的，也是现代的；

它既是眼前的，也是心里的；

让你不得不更爱这座城——青岛！

得益于不晕船体质，很快我被青岛市帆管中心吸纳为志愿者，以一名翻译的身份，近距离体验了国际帆船大赛的魅力。要知道一个世界级的场地赛帆赛赛场设在城市中心的海面上，在全世界都屈指可数，

航行于海上

这是青岛成为世界大赛分站赛城市的魅力。

克利伯帆船赛、极限帆船系列赛、帆船世界杯、帆船周、CCOR，几乎每一次大赛，都能找到我和小伙伴们的志愿者身影。

我一次次地刷国际比赛，和国际帆手、赛队交流，让我感受到他们对航海的热爱、对一项运动的热爱、对环球的执着、对自然的敬畏。他们以普通市民的身份却又极其专业的技术，深深地吸引着我。

我在27楼窗边凝望奥帆港湾，看着海面上微缩成白点的帆船。"去参加一次国际比赛"的呼声，一次又一次回荡在脑海里，一次又一次夺走我的魂魄，这声音愈加强烈。

走出国门

青岛是帆船之都，因奥运而起。后奥运时代，政府和民间组织积极地推动帆船运动的群众普及和国际化比赛活动，像我一样的普通市民才有机会能够背靠国家，参加国际比赛。

2015年初，在全国70多人参加的多轮选拔赛中，我再一次很幸运地被选为水手，代表青岛这座城市参加克利伯环球帆船赛2015—2016赛季的比赛。名单公布前夜的忐忑和名单公布后的喜悦，我至今难以忘怀。朋友们为我高兴庆祝，选拔队友们互相鼓励勉励和祝福，都在为我添注力量。

参加克利伯正式赛段比赛前，要前往英国进行 4 个阶段，为期 1 个月的水手技术训练，那是我第一次踏出国门。

走出国门，走向西方世界，狠狠地满足着一个青年的好奇心。那些以前出现在视频里、书本里、英语角外国友人口中的世界，一点点地向我打开，更加真实，更加饱满，更加鲜活。

在英国学习期间，专业层面的细节，也深深地重启

去英国训练

了我的大脑。国外先进的体育文化包装和运营、严谨的培训和评估体系、快乐严肃饱满的培训过程，松弛有度的日程安排都给我深深的印象。

如果让我只用一句话总结在英国的学习所得，我想我会和所有人分享 Martin 船长教给我的那个理念："我会在真实比赛和你们能力之间寻求相对安全的平衡点，如果太简单，你们会觉得无聊和自大；如果太难，你们大多数人也许会放弃，这个过程是动态的。"

这句话始终指导着我日后的青少年课程设计，也让我和我们的团队成为家长满意、孩子开心而有收获的夏令营机构。

28 天横跨太平洋

2016 年 3 月 20 日是我们正式从奥帆中心起航开始第六赛段比赛的日子，为了让这次航行更有意义，我联系了全国关工委，在领导的支

持下，我们在很短的时间内从全国青少年文化艺术比赛中征集了 37 幅文化艺术作品，打了五层防水密封随身携带到美国西雅图，这些作品在西雅图中美建交 37 周年两国青少年文化艺术交流展上展出，我也作为"青岛"号船员大使和青少年文化交流信使，赋予这段赛程不同的意义。

第九赛程要横渡太平洋，其间会穿越国际日期变更线，也就是东西半球分界线，完赛大约需要 28 天至 33 天，其中绝大部分时间，我们会备受恶劣海况、风大浪急和持续低温的煎熬，船体倾斜三四十度也是家常便饭。当然，在这种情况下，船会行驶得比较快，比赛将非常刺激。

开赛后，我们经过四五天风和日丽的航行，很快穿越了日本岛南端的大隅海峡，船长说，再有一天，我们将真正进入浩瀚的太平洋，接受真正属于远洋水手的考验。

果不其然，进入太平洋，风浪逐渐加大，甲板的紧张气氛让水手们进入了一直期待的"搏命"状态。天空逐渐进入了"暗黑"模式，90% 的时间有风暴和大雨，这并不是我们运气不好，而是我们运气太好，因为这会给我们强劲的风力，让我们的船跑得更快，用最短的时间到达大洋彼岸西雅图。速度在跨洋比赛中是第一要素，船型和比赛系数一样的情况下，用时越短，冲过终点的速度越快，船长制定的战术、选择的航线、水手们执行的操作，一切都将围绕这个目标展开。

船上水手按照经验值、年龄、体力和操舵技术被船长分为 3 个组，每个组都有一位经验丰富且操舵技术过硬的值班长。每个组分别在一天 24 小时当中，每 4 小时轮一次甲板值班、舱内值班、睡觉。也许你会认为甲板值班最累，其实是舱内值班最累。因为值班的时候，每组需要为全船的水手准备三餐，清理卫生间和厨房，清理舱底回水，还要随时准备上甲板支援换帆，因为厚重的帆需要两组人马交接班的时候来操作更换，甚至海况极端恶劣的情况下，要全员上甲板。

睡觉呢？在经历了甲板值班和舱内值班之后，其实已经筋疲力尽了，这时还要脱下厚重的航海服，才能回到温暖、狭窄的小睡袋中去，体会片刻的安逸。大脑随即便会进入电影院模式的梦乡，一秒入睡，那梦里像放电影一样，回忆着过去的某些片段，悲伤的、快乐的、难忘的、紧张的、嫉妒的和那些逝去仍不愿忘怀的人。

"Hi Bear, it's your watch." 队友总是会用这句话叫醒你，在一遍一遍闹钟之后，这时候，其实我睡了不到 3 个小时。还记得那满是海水、雨水、汗水潮湿的航海服吗，我仍然需要花费 20 多分钟，在倾斜 35 度的船舱里面一层一层穿上它，再简单地吃口饭，提前 5 分钟上甲板。

航行时间过半，航程也穿过了国际日期变更线。这天，舱内值班组的队友报告我们的淡水机坏了，在我们尝试维修的时候，高达两三层楼高的巨浪让船变成过山车，颠簸的船舱里根本无法维修。坏消息接踵而至，我们剩下的淡水不足一周的消耗。最糟的是，船长下令："从即刻起，每人每天只能供应一瓶 500ml 淡水，并且取消菜单上的面条和米饭，只供应烤面包、烤地瓜、烤土豆。"

在这种情况下，我们改用海水刷牙。吃完干燥难以下咽的烤地瓜后，喝一点点水润一下嗓子。如果赶上下雨，我们会张开大口好好喝个饱。

就这样，我们忍受了一生难忘的五天近乎断水的体验。船长解除禁令的那一刻，即便是有味道的过滤后的海水，都无比甘甜，胜过一切高级矿泉水。

在经历了 28 天的航行后，我们终于抵达了位于西雅图市中心的 Ball Harbor Marina 码头，组委会主席、人类首位单人帆船环球纪录创造者 Sir Robin 爵士以及码头经理列队欢迎我们靠岸，与青岛出发时热闹热烈开心的欢送仪式气氛不太一样，这里的欢迎仪式简单，略带失望。可当资深的航海英雄 Sir Robin 说出那句话的时候，我知道在岸上的人知道我们经历的一切。"Well done guys, well done, tough work, welcome to Seattle, welcome home."

回到陆地，回到人类世界的感觉真好，面对各色餐厅、新鲜的城市、从发梢爽到脚跟的热水澡，我却更想念深夜里陪伴我的月亮、风雨中挑逗我的海鸟、被浪拍上甲板闪烁荧光的水母、风和日丽下追逐嬉戏的海豚兄弟们，这个丰富多彩充满精灵的太平洋之家，不知道何时才能有缘再次见面。

青少年航海教育

参与青少年帆船教育培训工作

完赛之后，我参与了很多次青少年的帆船教育培训工作，帆船运动那种特有的属性和气质，恰恰是当下青少年需要的个人成长的软实力。帆船不仅可以带给孩子们健康的身体和健康的肤色，还有更重要的抗逆力思维、从重视结果到重视过程、专注力、领导力、动手问题解决能力、快速计算能力、做出判断和决策的能力。

我相信，我们会把这样的传承继续下去，就像 7 年前，我第一次登上甲板，成为航海教官的路径一样，去帮助更多喜欢帆船的孩子们和朋友们，去找到属于他们自己的梦想、找到快乐、找到自信。

也感谢一路走来帮助过我的航海界的领导和朋友们。

邹仁枫：1980年出生，2015—2016克利伯环球帆船赛"青岛"号船员。

2006 年 6 月 3 日，青岛市"帆船运动进校园"活动在青岛市政府南广场举行了启动仪式，首批 16 所帆船特色学校挂牌，每所学校 5 条帆船。2007 年 132 所帆船特色学校、帆船俱乐部挂牌，OP 级帆船数量达到 1000 条。

有着相关政策的大力扶持与保驾护航，"帆船运动进校园"活动如火如荼地在青岛开展，在这个过程中，涌现了一大批优秀的帆船教练员和优秀运动员，本着"帆船运动要从小抓起"的宗旨，全市大中小学为帆船运动事业源源不断地输送新鲜血液，更好地诠释了青岛作为"帆船之都"的发展理念。

第三章 帆船运动进校园

"帆船运动进校园"十年梦成真

（2006—2015"帆船运动进校园"活动回顾）

栾宏业

　　"帆船运动进校园"活动通过举办帆船训练营、教师培训、帆船课程与教材建设、赛事活动、国际交流、文化宣传等多种渠道，经过十余年的努力，构建起了帆船知识普及教学体系、青少年帆船人才管理体系、大中小学帆船运动人才输送体系、青少年帆船训练竞赛体系。

　　2007年，国家体育总局、中国帆船运动协会授予青岛市"全国青少年帆船普及推广示范城市"称号。国际奥委会主席罗格、国际帆联主席纽伦·彼得森以及国际帆船界对我市开展的"帆船运动进校园"活动给予了高度评价，认为青岛的做法值得在整个亚洲推广，以推动帆船运动在亚洲的兴盛和发展。

高瞻远瞩制定帆船运动进校园方案
同心协力千帆竞发2008

　　2001年7月13日北京申奥成功后，青岛作为2008北京奥运会帆船比赛举办城市，成功举办国际奥帆赛和打造"帆船之都"成为青岛市委、市政府重要的战略构想。普及帆船运动是打造"帆船之都"战略的重要基础，而在青少年中普及是实施战略的关键。

尽管青岛海域宽阔，自然条件优良，但由于帆船项目具有场地条件要求高、人员专业素养高、运动器械昂贵等项目特征，所以要想在校园中普及仍然面临多重挑战。

青岛市作为首批"全国中小学生课外文体活动工程示范区"，校园体育活动已蓬勃开展，拥有先进且成熟的管理体制和机制，具备开展"帆船运动进校园"活动的基础。

时任市体育总会主席的林志伟女士作为青少年帆船运动进校园工作的总策划师，调度了教育、体育等多个部门进行多次深入调研和专

2014 "HONNY 杯"青岛国际 OP 级帆船营开幕仪式

题研讨，发现开展工作面临多重现实困难。在当时包含教育管理干部、学校校长和体育老师在内的大多数体育教育工作者，对这项工作顾虑重重：帆船属小众高端项目，接触或从事过帆船运动的体育老师凤毛麟角，并且帆船属于海上项目，存在着危及生命安全的隐患。当时整个教育系统没有一条帆船，全市没有一处公共帆船下水坡道和青少年学生帆船训练基地。综合起来，在认知、师资、生源、设施多个层面不具备开展帆船运动的有利条件。

然而，打造"帆船之都"、办好奥帆赛是青岛的责任，更是我们每一个体育教育工作者的责任，即使是在零基础的条件下，林志伟主席也依然带领大家进行了大胆构想。经过她的总体策划，大家集思广益，出台了第一个帆船运动进校园的工作方案：《青岛市帆船运动进校园活动实施方案（2006—2010年）》。这个方案的出台，表达了青岛市委、市政府对于做好帆船运动进校园工作的决心，也增强了全体青岛体育教育工作者的信心，绘制了一幅宏伟壮阔的蓝图："以2008年奥帆赛为契机，积极引导青少年参加帆船运动，传播奥林匹克精神，在大中小学校普及奥运知识和帆船运动知识；经常参加帆船训练和活动的青少年人数达到市

"华航杯"首届青岛市青少年帆船比赛

区青少年总人数的 10％；形成海上 1000 艘以上的帆船活动规模，为打造'帆船之都'奠定坚实基础。"不仅如此，还对于如何实现提出了具体路径：明确要求在全市大中小学校中开展奥帆知识和帆船知识普及和实践活动，健全教育、培训体系，加快基础设施建设，建立赛事、交流机制，提供器材、技术保障。

这个方案的出台吹响了"帆船运动进校园"活动的号角，青岛各界都积极响应，"帆船运动进校园"活动强劲拉开序幕。2006 年 6 月 3 日，青岛市"帆船运动进校园"活动启动仪式在青岛市政府南广场举行，首批 16 所帆船特色学校挂牌，每所学校配备 5 条帆船。华航国际航海俱乐部董事长王祥亮向活动捐赠了价值 50 万元的帆船器材和青少年帆船运动资金。

随着 2007 年 5 月 7 日《中共中央国务院关于加强青少年体育增强

青岛市帆船运动特色学校——青岛北仲路第一小学

青少年体质的意见》的颁布，5月13日，声势浩大的青岛市百万学生阳光体育运动暨"千帆竞发2008"——青少年帆船运动与奥运同行活动启动仪式在奥帆中心举行。在2007年7月26日"青岛—基尔"青岛市帆船特色学校训练营闭营仪式上，每一名小营员在海上独立驾驶熟练操作OP级帆船扬帆起航，千帆竞发2008的宏伟目标提前实现。

从此，在美丽的浮山湾、汇泉湾，白帆朵朵点缀在蓝色的海面上，成为青岛一张靓丽的新名片，"帆船运动进校园"活动如火如荼地在青岛大地开展起来……

举办十年帆船训练营，播撒帆船运动火种
打造帆船赛事品牌，培养帆船运动人才

"山青青，海蓝蓝，白帆一片片飘向天边。带着美丽的新企盼，奥运少年集合在浮山畔……"从2006年到2015年，每一个夏天，青岛青少年帆船训练营营歌都会在美丽的奥帆基地上空回响，伴随着我和每一个营员一起成长。

"青岛—基尔"青少年帆船训练营（2009年以后成长为青岛国际青少年帆船训练营）是青岛市"帆船运动进校园"活动的关键。在专业能力方面，一大批老中青帆船专家、中外帆船教练、现役帆船运动员作为帆船运动志愿服务者，为"帆船运动进校园"活动提供了保障。在培育能力方面，打造了帆船特色学校和中小学生帆船俱乐部学校138所，拥有千余条OP级、激光级、润龙级、悦浪级、470级等级别帆船，8个帆船训练机构为帆船教学训练提供技术和器材支持。

训练营不仅培育了25000余名学生帆船运动骨干，为山东省和青岛市队培养输送了300余名运动员；还培养了达到国家二级社会体育

举办时间	训练营名称	举办地点	参与学生人数
2005.7.16—2005.8.15	"青岛—基尔"青岛青少年帆船营地活动	第一海水浴场	
2006.8.1—2006.8.10	第二届"青岛—基尔"青岛市帆船特色学校训练营	青岛华航国际航海俱乐部 青岛二中	150
2007.7.16—2007.7.23	第三届"青岛—基尔"青岛市帆船特色学校训练营	青岛奥帆中心 青岛二中	1033
2008.7.15—2008.7.31	青岛市帆船特色学校（院）、中小学帆船俱乐部帆船训练营	第一海水浴场 青岛二中	1000
2009.8.5—2009.8.12	"双星名人杯"青岛首届国际青少年帆船训练营	青岛奥帆中心 青岛二中	1200
2010.8.13—2010.8.23	"中油通用杯"2010青岛国际青少年帆船训练营	青岛奥帆中心 青岛二中	2800
2011.8.16—2011.8.24	"双星杯"2011青岛国际青少年帆船训练营	青岛奥帆中心 青岛二中	1200
2012.8.16—2012.8.23	"双星杯"2012青岛国际青少年帆船训练营	青岛奥帆中心 青岛二中	2500
2013.8.14—2013.8.21	"双星名人杯"2013青岛国际青少年帆船训练营	青岛奥帆中心 青岛二中	300
2014.8.14—2014.8.21	"HONNY杯"2014青岛国际青少年帆船训练营	青岛奥帆中心 青岛二中	300
2015.8.6—2015.8.13	"旭航投资杯"2015青岛国际青少年帆船训练营	青岛奥帆中心 青岛二中	300

2005-2015帆船训练营历年参与规模

指导员（帆船类）标准的300余人体育教师队伍。十年间师生安全参与，反映出训练营先进科学的管理水平和完善规范的管理体系。

以2007年训练营为例，2007年7月16日"青岛—基尔"青岛市帆船特色学校训练营开营，160名教师和1033名学生参加了每期历时8天的培训营活动，来自德国、荷兰、奥地利、法国、意大利5个国家的 9 名富有航海经验的教练，与国家级教练刘英昌领衔的 44 名中国教练、165 名助理教练共同执教，对千名小营员们进行精心培训。

青少年帆船赛与帆船训练营齐头并进，自 2006 年"华航杯"青岛市首届青少年帆船比赛开始，我市逐步开展了青少年帆船比赛、帆船特色学校对抗赛、"市长杯"青岛市大中小学生帆船比赛、国际青少年 OP 级帆船邀请赛等青少年学生赛事活动。赛事组织越来越专业，级别越来越高，知名度越来越大，成绩越来越好。

2012 年，由我市青少年运动员组成的山东省 OP 队，获得了全国 OP 冠军赛队赛亚军，创历史最好成绩。

2013 年，首次选拔青岛市帆船特色学校在册在读且属于 2013 年"市长杯"青岛市中小学生帆船赛或 2013 年青岛市帆船帆板公开赛 OP 级比赛最优者的学生，组队参加在泰国普吉岛举行的 2013 年泰国"泰王杯"OP 帆船赛。

2015 年国际 OP 帆船赛，赛事仲裁长由国际 OP 协会赛事委员会委员、国际仲裁伊尔凯尔·贝因德先生担任。青岛国际 OP 帆船营暨帆船赛竞赛水平不断提升，成为世界一流的青少年国际帆船运动交流活动和品牌赛事。

训练营与帆船赛相辅相成，良性循环。训练营培育出的优秀人才提升了帆船赛的赛事水平，赛事的举办更加激发了营员对帆船的热爱，同时给予了营员更多的机会。

2007 年，从训练营选拔出来的 10 名训练、比赛成绩突出的学生，被选派到德国基尔帆船俱乐部或其他欧洲帆船俱乐部参加培训。自此，我市每年都会选派一定数量的训练营优秀学生赴德国、法国、西班牙等帆船运动发达国家交流学习；采取"走出去、请进来"的方式，与国内外帆船运动发达城市进行交流，学习了解国内外青少年帆船运动的成功经验，

时间（年）	赛事名称	参加范围	竞赛项目	青岛学校代表队数量（所）
2005	/	/	/	15
2006	青岛市青少年帆船比赛	15所帆船特色学校	OP级 激光级	15
2007	第一届"市长杯"青岛市大中小学生帆船比赛	40所帆船特色学校	OP级 激光级	40
2008	第二届"市长杯"青岛市大中小学生帆船比赛	40所帆船特色学校	OP级 激光级	40
2009	第三届"市长杯"青岛市大中小学生帆船比赛	45所帆船特色学校	OP级 激光级	45
2010	第四届"市长杯"青岛市大中小学生帆船比赛	64所帆船特色学校	OP级 悦浪级 帆板	64
2011	第五届"市长杯"青岛市大中小学生帆船比赛	93所帆船特色学校	OP级 悦浪级 470级 帆板	93
2012	第六届"市长杯"青岛市大中小学生帆船比赛	95所帆船特色学校	OP级 悦浪级 470级 帆板	95
2013	第七届"市长杯"青岛市大中小学生帆船比赛	95所帆船特色学校	OP级 悦浪级 470级 帆板	95
2014	第八届"市长杯"青岛市大中小学生帆船比赛	95所帆船特色学校	OP级 悦浪级 470级 帆板 法伊26遥控帆船（表演项目）	95

2007—2015"市长杯"大中小学生帆船比赛历年参与情况

掌握青少年帆船运动现状、发展趋势；与国外青少年帆船运动发达城市建立定期交流机制，相互学习，提高水平；不断提升青岛国际 OP 帆船营暨帆船赛的组织水平，将其打造成为国际知名青少年帆船赛事品牌。10 年间，120 余名青少年学生和 30 余名体育老师、教练员先后参加了 10 余个国家对外交流活动。

体育教师与帆船结缘，乘风破浪展风采
特色学校如雨后春笋，发展壮大育英才

2006 年 8 月 1 日至 3 日，在德国基尔市政府委派的左泽伦和环中国海航行的翟墨等 15 名教练的指导下，首批来自 15 所帆船运动特色学校的 30 名体育教师第一次接受了较系统的帆船培训，他们基本都是从零学起，学成之后将担负起为学生们讲授帆船知识、普及帆船运动的任务。自此，帆船教师培训班每年举办，参加帆船培训的体育教师数量和执教水平逐年提高，涌现了一大批帆船教学骨干。

2007 年教师培训班，国家体育总局青岛航海运动学校、山东省体育局青岛航海运动学校、青岛市水上运动管理中心派出了 12 名高水平教练员，从荷兰和比利时引进三名外籍教练。八条润龙级、两条激光级、四十条 OP 级帆船投入训练。这一期培训共有 164 名体育教师取得了国家二级社会体育指导员帆船项目资格证书，至此，青岛市各帆船特色学校、中小学帆船俱乐部全部配备具有帆船项目资格证书的体育教师，标志着帆船运动走进青岛校园已具备了基本条件。

帆船运动进校园工作不仅在教师培养方面取得了阶段性的成果，并将成果融入课程体系建设及教材建设中。我市中小学相继开设了帆船地方校本课程，召开了"帆船运动进校园"活动的现场教学观摩研讨会，

将帆船教学纳入学校和教育系统教学研究体系。与此同时，2007年出版了《帆船运动进校园——帆船培训教材》，制定了《青岛市青少年帆船基本能力等级标准（试行）》，制作了36集系列动画片《快乐扬帆——OP小超人》。2013年，全国首套帆船教材《青岛市帆船运动进校园活动系列教材（水平一至五）》《青岛市帆船运动进校园活动系列教材总体说明和教学要求》《青岛市帆船运动进校园活动系列教材课程总目标》及各册教材的出版，填补了国内中小学帆船运动教材的空白。

理论源于实践，又指导实践，帆船运动进校园课程体系建设及教材建设要依托于帆船特色学校的实施。2006年，我们开始制定并逐步完善《青岛市帆船运动特色学校、帆船运动俱乐部学校建设标准》，命名了首批16所帆船特色学校。2007年，帆船特色学校增至40所，命名80所帆船运动俱乐部学校。到2010年底，共有帆船特色学校64所、帆船运动俱乐部学校74所，占全市学校总数的10%以上。2012年，我们又从95所帆船特色学校中选拔了32所青少年帆船普及工作较为突出的学校，授予"青岛市帆船特色示范学校"称号，真正发挥了青岛作为"帆船之都"的示范和带头作用。

四大体系筑牢青少年帆船运动根基
帆船运动进校园为帆船之都增活力

截至2015年8月，经过十年的努力，"帆船运动进校园"活动通过举办帆船训练营、教师培训、帆船课程与教材建设、赛事活动、国际交流、文化宣传等多种渠道，帆船知识普及教学体系、青少年帆船人才管理体系、大中小学帆船运动人才输送体系、青少年帆船训练竞赛体系日臻完善。"政府主导、社会支持、青少年广泛参与"的帆船运动进校园发展格局已经形成。全市共培养了超过 2.5 万名学生帆船运动骨干，120 余名青少年学生和 30 余名教练员先后参加了 10 余个国家对外交流活动，进一步拉动了"帆船运动进校园"活动的开展。全市打造了 95 所帆船特色学校，6000 余名青少年获得和晋升青少年帆船运动基本能力等级。30 余名青少年进入山东省帆船队，300 余人进入青岛市帆船队，2 人获得"国际健将"称号，近 200 人获得"国家一级运动员"称号，80 余人获得"国家二级运动员"称号。国家体育总局授予青岛市"全国青少年帆船运动普及推广示范城市"，为塑造宣传青岛城市形象，推动帆船运动发展，打造"帆船之都"做出了重要贡献。

　　"帆船运动进校园"活动所带来的成效有目共睹，引起国内其他省区市和部门纷纷效仿，自此各类进校园活动如雨后春笋般蓬勃开展。

栾宏业：1964 年出生，青岛市教育局学校体育专职管理干部（1996.10—2015.8），青岛市（国际）青少年帆船训练营总营长（2006—2015），青岛市帆船帆板（艇）运动协会副秘书长。

为帆船而奋斗

刘英昌

我上初中一年级的时候，青岛航海俱乐部来我们学校招一年级的学员，参加业余训练，一个星期两次。当时一个班就选出两个人，我是其中一个。就是这样的一个机会，让我进入这个行业，一直到现在。

我走上了帆船路

我从 1953 年就开始接触帆船，一直到 1958 年，我上高三的时候，调到山东航海多项队，先是做帆船运动员，退役后做帆船教练，就一直走这条道路了。

我就这样一直与海打着交道，现在想想也是一个偶然的机会。

我开始是做航海多项教练，1978 年咱们国家要搞帆船训练，帆船、帆板都要与国际接轨，因此进行了一个很大规模的集

帆船训练

训，就把从事航海多
项的教练员、运动员
召集了起来。山东省
共派了五个人，我担
任其教练，参加了大
集训，这五个人也就
是山东省帆船的基础
班组。此期间我在国
家队待了一段时间，
担任帆船队的领队和

带队参加奥运会

教练，也会带队参加比赛，包括 1984 年的洛杉矶奥运。这是中国第一
次派帆船组参加奥运会，所以对我来说是非常重要的事。

帆船运动进校园

2007 年，我被青岛市体育总会聘为"帆船运动进校园"活动总
教练。我一直很支持"帆船运动进校园"活动，为什么我对培养小
孩非常感兴趣？

这和当时去日本考察很有关系，1979 年，国家为了更好发展帆船
运动，便派了一个小组到日本去考察、访问，我有幸作为教练员加入
这个小组。

我在日本的一个少年帆船的学校受到了影响和启发。后来我就一
直在山东帆船队担任教练，后又担任总教练，基本上一直做到退休。
我是 2000 年 62 岁时退休的。退休以后，我也离不开帆船，我会写写
材料、编编教材，在航海运动学校教教帆船、上上课。2007 年开始，

我参与了"帆船运动进校园"活动。

我非常热衷于"帆船运动进校园"活动，当时我已经快70岁了。为什么还要来搞这一块？我到新加坡，看到那里的一次OP级帆船比赛，有二三百个小孩参加。我想咱们国家为什么不能办这样的比赛？当时我在队里选运动员相当困难，最多是搞个训练班选，所以为什么不能像人家那样把它变得那样普及？帆船运动教育要从小抓起，这样才会有专业的运动员，我主要是这么考虑的。

2007年的时候，林志伟主席找到了我和代志强、王立等人一起开了个座谈会，讨论怎么把青岛"帆船运动进校园"活动办起来。

因为当时进校园活动刚起步，还没有教材，就问我说有没有这个可能在最短的时间内编写出一个教材，我当时正在帮着奥帆委、中帆协编写教材，积累了些资料，就答应了这个工作。我不到两个星期就编写出了一本教材，这个教材用了好多年，直到11年的时候才更新。

《帆船运动基础教程》教材

退休后我就被聘为"帆船运动进校园"活动的总教练。我会写训练大纲，组织教研员培训，因为我有这个条件。我在山东担任教练，一打招呼就有 60 多个教练过来了，便为他们办了个教练培训班，这 60 个教练就作为骨干力量，分到了不同地方。我的主要工作是宏观把控，包括训练大纲的制定、训练计划的制定、教练员的培养。

后来学习帆船的班级确定好了，这些教练员也是被分到各个学校、各个基层去了。我们搞了校长帆船培训班，把各个学校的校长请来了，还有教师培训班，所以为青岛教练这方面提供了很多的资源。加上林主席对此也很关心，在她的指导下，帆船特色学校、帆船学校在青岛市基本上就都覆盖了。

继续为帆船运动贡献力量

最后，我陆陆续续地带过北京奥运会、亚运会及其他一些国际比赛。我大部分时间都在山东帆船队，山东帆船队在全国来说成绩还是不错的，一般总分排名都在前一、前二。我退休之前参与的工作项目都是大型的比赛，如奥运会、亚运会，带山东队参加全国锦标赛，培养一些运动员、教练员。

坚持走帆船路

每年关于帆船运动都有大规模的活动，一个是"帆船运动进校园"活动，一个是国际帆船比赛，基本上都是我负责的。因为有十几个国家过来参加，组织一个帆船训练营，我主要负责制定训练计划等工作。在 2007—2011 五年中，我组织了 100 多名教练员，共授课 4580 小时，牺牲自己的休息时间，手把手地向青少年传授帆船技能，累计培养了近万名青少年帆船运动骨干。同时，为了解决教练员不足的状况，我们还组织了300多名体育老师学习帆船理论知识、帆船驾驶技巧和竞赛规程，通过培训全部达到国家二级社会体育指导员（帆船类）标准，138所帆船特色学校、帆船俱乐部的体育老师全部持证上岗。

我为能做这些工作感到高兴，我经常在海边溜达。当我走到奥帆中心的时候，小孩一见了我就叫刘爷爷、刘教练，我自己听一听心里也很开心，这小孩都成长起来了，所以我确实也感到很欣慰。

遗憾得到满足

在"帆船运动进校园"之前，当时在育才中学有个帆船自选课，我讲完课以后写了一个建议书，建议每个学校成立一个队，把青岛的帆船做起来。当时政协有一个帆船专家高级专家协会，一些讨论会我都建议过，但是都没实现过。后来实现了，我的心愿也满足了，很高兴。

"帆船运动进校园"活动培养出的学生有很多进了山东队、青岛队，都取得过很好的成绩。这也让我很欣慰。

刘英昌：1938年出生，我国最早的帆船教练之一，曾在国家帆船队和山东帆船队执教多年，带领4名队员参加过1984年的洛杉矶奥运会帆船赛，参与编写了中国第一部帆船运动教材。2012年中央电视台《体坛风云》获提名奖。

我的帆船之缘

邹志

2006 年的一个电话，令我至今记忆犹新。

当时，我接到林志伟主席的电话，林主席表示，青岛打算开展"千帆竞发"活动，想让我们工厂以最优惠的价格生产 800 条 OP 级帆船。在短短不到 5 个月的时间里，生产如此之多的 OP 级帆船，可谓一个破天荒的壮举。而也正是这个电话，开启了我和"帆船之都"的缘分。

短时间内生产 800 条帆船，并推广到浮山湾区域的几十个学校，实现"千帆竞发"，这个事情能实现吗？面对这个生产任务，每个人的反应都是不同的：有人质疑，有人退缩，有人旁观，有人则积极应对。而那个时候，我没有顾虑太多，就一个念头：加油干吧！

生产 OP 级帆船

接下来，我们生产车间就投入到紧张的生产当中去了。船厂协调明确好各部门的工作：采购部需要与原材料供应商协调材料的供应是否能跟得上生产进度，同时需要确保所有的配件供应商（包括国内外）是否有充足的库存供应，以及在没有现货的情况下的供应周期；进出口部的同事要确认所有进口配件的采购是否可以按时完成通关；销售部的同事需要与全世界的经销商沟通调整未来半年的供货时间。每个部门都有序地开展着工作。

大家每天 12 小时以上连轴转，期间需要协调的事情数不胜数，所有的供应商、员工、周边热心参与的圈内人士，都给予了我们无尽的支持。尽管工作强度很大，但是员工们都不曾抱怨。

最终，经过几个月的辛苦生产，我们船厂按时保质保量地完成了任务。在整个过程中，让我印象最深刻的是，在完成了全部 800 条 OP 级帆船的交接工作后，所有员工提出的唯一要求便是：睡上三天三夜的觉。虽然过程很艰辛，但是最后按时完成生产任务，大家都很欣慰。

参与"帆船运动进校园"活动

2006 年到 2019 年间，每年夏天，俱乐部都会参与"帆船运动进校园"项目的实施。从参与青岛市帆船特色学校的普及与培训工作，到每一年聘请大批国外知名俱乐部教练员来华与中国教练员交流、互动，每一步，在当时看来，是那么"理所当然"，而现在看来又是多么令人感慨万千。

从 2005 年开始，每年暑假之前，我们都会联系一些国外老牌帆船俱乐部，比如比利时皇家游艇俱乐部、荷兰皇家游艇俱乐部、西班牙巴塞罗那游艇俱乐部、葡萄牙国际游艇俱乐部，向他们介绍中国的帆船项目的现状及发展，并在当地寻找一些优秀的年轻帆船教练员，让他们在暑假期间来到中国，向我们输出他们宝贵的教学和比赛经验，也同时从我们这里带走更直观、更真实的"中国故事"。这个国际教练员交流项目持续了 4 年，共有超过 80 名欧美帆船教练员来过中国，

"帆船运动进校园"活动

也为青岛的帆船培训工作输入了活力。

前后十几年，所有投入的人力、物力、财力，为的是什么？

或者只有这句话可以回答：人，总是要仰望些什么；人，总是要追求些什么，人生才能不负人生。

邹志：1973年出生，青岛邹志船艇有限公司负责人，该公司曾获2006—2010青岛市"帆船运动进校园"活动先进集体荣誉称号。

扬帆远航正当时

王毅

2008 年，第 29 届奥林匹克运动会将在全世界人民的注目中隆重拉开帷幕，青岛将作为北京的奥运会伙伴城市承担帆船运动的比赛项目。

为了更好地弘扬奥运体育精神，打造"帆船之都"的城市形象，普及奥运帆船运动在青岛的开展。2006 年 6 月，青岛市奥帆委、市体育局、市教育局、市体育总会联合制定和推出了青岛市"帆船运动进校园"活动。在青少年中广泛开展帆船运动知识的传播和实践活动，为我国的奥运帆船运动培养和储备后备人才，为打造"帆船之都"的城市形象奠定基础。

在青岛市"帆船运动进校园"活动中，我有幸能够成为一名普通教练员，能为普及帆船运动和打造青岛"帆船之都"形象贡献自己的力量，我感到无比自豪和光荣。

2006 年 6 月，我校（青岛四方实验小学）被命名为青岛市首批帆船运动特色学校，学校选派我到青岛市水上运动训练基地参加为期一个月的教师培训学习。自己虽然是一名有着多年工作经验的体育教师，但也是第一次接触帆船水上运动项目，一切得从零开始。所以，我在整个培训过程中始终抱着虚心学习、认真实践的态度，教练员讲课时，认真学习，记住每一个技术要领。实际操作时，仔细观察教练员示范动作，仔细琢磨正确的技术动作。我都是坚持完成教练员每天布置的每一项训练任务，有时为了加深记忆，坚持反复练习，直至熟练掌握为止。

培训学习正值盛夏，一整天泡在海水里，头顶烈日暴晒不说，每当动作失误后，时不时还要喝上几口又咸又涩的海水，每天训练结束后，有时回家后连饭都不想吃。但不管多累，我都要坚持把当天的训练内容、要求、技术动作要领等仔细地记录下来。一个月的培训结束后，我的训练记录也记了满满的几大本，被当作珍贵的资料保存了下来。今天，每当我翻开这些浸透着汗水的笔记时，当时训练的情景还会历历在目，时时浮现在眼前，我仿佛又回到了那波光粼粼，白帆点点的大海。

回顾那一个月的培训生活，有辛苦流下的汗水，有收获之后的喜悦。在我的教学生涯中，这将会是一个新的起点，因为我又接触到了一个全新的教学领域，我将会在这新的教学领域中，如同扬帆起航的帆船，搏流斗浪，驶向远方的彼岸。

2006年7月，训练班一结束，我立即在学校开始筹建学校帆船队，经过积极报名、层层筛选和考核，在四、五年级学生中选拔了一批有勇气、有毅力、会游泳且得到家长积极支持的学生，组建了四方实验小学OP级帆船队，并马上投入了培训学习和训练。

2006年9月，青岛市第一支区级帆船队——由多所学校学生共同组成的原四方区青少年帆船运动队正式成立，并举行了成立仪式，我光荣地被聘为帆船队主教练。

新的挑战也给我提出了新的要求。培训学习是一回事，训练学生则又是另一回事，因为学生只能利用学习空余时间进行学习和练习，训练的强度和进度是有限度的。这就需要制定一套科学的、有效的学习训练计划。可这种训练计划在哪里呢？现有的体育教学模式里并无前车之鉴，我只能摸着石头过河，自己边学习提高，边进行训练实践，在干中学，在学中干。

自从担任了运动队教练后，我几乎没有空余时间，白天工作，晚上查找资料，备课制定教学计划。同时积极虚心地向专业教练员、运动员请教有关帆船方面的知识及先进的训练方法。

平日里，我利用下午的时间给队员们上基础理论知识课，让队员从主观意识上更进一步地了解帆船、理解帆船、清楚帆船竞赛规则。在队员们结束了青岛市水上训练基地的统一训练后，我觉得最好的训练就是让学生在亲身实践中去感悟，在实践中去提高。于是就继续利用周六、周日和节假日带领队员在海上进行专项训练。

在这段训练过程中，我认真教授每一个技术动作，遇到比较难理解的技术，我便不厌其烦地一遍一遍讲解和上船示范，直到队员们明白了，掌握了才罢休。记得有一次，一名队员的滚动式转向技术动作总是不到位，我便上船给他做示范，在做最后一个动作时，因为风向和我自身体重的原因，船一下子翻扣了过来，船舷猛地砸在了我的腰上，好几天直不起腰来。但是我觉得不能因为我的原因，耽误队员们的训练时间，所以我还是坚持每天到训练场。

经过一段时间的摸索，我从培养队员学习兴趣入手，循序渐进，终于逐步摸索出了一套队伍严格管理、青少年帆船训练的高标准、严要求的计划和方法。在此归纳为"严"和"难"两个字。

"严"，就是从严治队。加强运动队的管理，使队员养成守纪律、讲文明的良好习惯。帆船队平时管理是严谨的、规范的，在实践中逐步形成了一套个人服从集体、集体统一行动的制度。运动员分散在不同学校给组织训练带来一定的困难，为此我们制定了科学合理的训练时间，实行练前"点名制度"。周六、周日训练出勤率达90%以上。我们严抓安全，陆上训练要求队员注意不发生体伤事故。例如，有难度的训练项目和器材，不能任个人喜好想玩就玩、想做就做，必须要在教练员的保护下进行，从根源上杜绝了体伤事故的发生。海上安全是一个重点，队员必须在下水前穿好救生衣，严格规范下水前的器材、装备检查制度。训练前和训练后，包括来往途中，要求队员不准在外面停留、玩耍，队员到家后必须由家长电话或短信通知教练，这些制度的执行雷打不动。从严治队的结果，不仅锻炼了队伍，而且保证了训练质量。

"难"——针对初学队员入门难，进行训练。如何让学生了解帆船、学会绳索、学会辨风？在最初的训练课上，教练员从帆船的基础知识讲起，包括船的各个部位及其作用、各种帆船术语、各种绳索以及风向，然后通过不断的示范、讲解和实践让队员最直接地掌握这些知识。同时，适量布置课后作业，让队员在家中加强练习，达到熟能生巧。帆船队还定期举行小测试、小比赛等活动，让队员们不断地夯实基础知识和能力。

"难"——针对初学队员陆地训练与水上训练结合难，进行训练。通常，队员们认为掌握了一定的理论知识和陆练技能，如推拉舵的角度、推拉舵与主帆操纵索的配合、迎风转向技术，就可以进行水上训练了。但真正在海上实际操作中，队员们的心里都会产生畏惧感、不少队员会技术变形。为此，在队员下水前，教练员会对队员进行心理诱导，宽慰队员放松心情，并及时做好海上救助工作。下水后，出现小队员的技术走样，教练员会及时跟进、讲解技术并示范，让他们顺利完成陆地训练与海上训练的过渡。

冬季训练是最艰难的。学生下水训练，需要有相当大的意志力。为此，我们制定了详尽周密的冬训计划。首先给队员和家长们开了动员会，向家长们详细介绍了训练计划、安全保障措施及训练的益处，此举得到了队员和家长的认可与支持，冬训得以顺利实施。

"难"——针对有一定练习基础的队员训练与比赛结合难，进行训练。平日训练队员可以专练某一项技术，但是比赛是一个全面的检测。赛前，教练员讲解竞赛各项要求和规则，提前把各项技术环节进行综合讲解和练习，让队员通过反复的练习，发现自己的不足，及时改进，做到能够较好地运用各项技术，发挥出自己的技术水平。赛中，提醒队员观察场地，根据风向和水流的情况及时调整位置和航线等，做到心静、心细、反应快，每轮比赛结束后及时总结。赛后，对本场比赛进行全面的总评，找出不足，在后续训练中加以改进。循环往复，逐渐收到了良好的成效。

功夫不负有心人，多年来涌现出一大批优秀运动员，多次在世界级、国家级、省级、市级帆船比赛中取得优异的成绩，并输送40多名帆船运动员到专业队：

2013年刘明玥和于慧，获得参加13年世界杯青岛站的资格，并取得女子470级第八名的战绩，获得"国家健将级"称号。

刘明玥选拔成为2015—2016克利伯环球帆船赛"青岛"号船员，参加了2015—2016克利伯环球帆船赛——昆士兰州惠森迪群岛—亚洲—中国青岛赛段。

16人获得国家级竞赛个人前八名。

30多人获得省级竞赛个人第一名。

80多人获得市级竞赛个人第一名。

在山东省第二十二、二十三、二十四届运动会帆船、帆板比赛中，共夺得金牌 8 枚、银牌 9 枚。

获得五届"市长杯"青岛市大中小学帆船帆板比赛小学组团体总分第一名。

多次指导学校参加青岛市帆船知识电视竞赛获得第一名。

37 名优秀运动员代表青岛市出访多个国家，进行帆船运动交流及比赛。

王毅：1982 年出生，现任青岛市四方实验小学体育教师，青岛市第一支区级帆船队主教练。2012 年带领青岛市优秀帆船运动员出访法国进行交流学习；2012 年，参与了国内首套帆船教材《青岛市帆船运动进校园活动基础教材——帆船》的编写工作；2006—2014 年获得青岛市帆船运动进校园工作先进个人；2010 年获得青岛市政府颁发的帆船运动进校园优秀园丁奖；2015 年获得奥帆赛七周年庆典帆船突出贡献个人。

扬帆起航，劈波斩浪
——我与帆船有个约定

薛国栋

提起青岛，更多的是骄傲和自豪；而谈起薛家岛，那是我呱呱坠地、茁壮成长的温床……她们给予了我同样的馈赠——大海！

于是，白天，与海相伴，任海风吹拂，拂去点点稚气；与海浪冲撞，撞出男儿的刚强意志。夜晚，亦能与海相遇，听海，那里承载着我太多童年的欢声笑语。

随着年龄的增长，总觉得与大海这种"玩伴"似的相处方式应该有所转变了……

机会真的来了！

初识帆船，为梦起航

当 2008 年北京奥运会的帆船比赛在青岛起航的那一刻，我已光荣地成为一名体育教师，来到了青岛长沙路小学。

2009 年 7 月学校响应号召，积极组队，参加青岛市"帆船运动进校园"活动。那时，根据帆船队伍建设要求，恰逢区帆船主教练王毅老师要招收一名助理教练。在学校领导的大力支持下，我有幸进入到区帆船队的学习和训练之中，从那一天起我便和帆船结下了不解之缘。对于大海，我们之间又多了层强有力的纽带，我们的关系也在悄然改变……

坚定信念，从"心"出发

以前，我作为一个帆船比赛的"旁观者"，总习惯于沉浸在运动员一张一弛，乘风破浪的潇洒中；而如今，我置身于帆船训练中，更加体会到训练的艰辛。

而对于我这样一个半路出家的"新人"，这种艰辛更甚。

首先就是时间。

对于教师这个职业，可能最让人羡慕的就是坐拥两个"大假"。而加入帆船训练的我，一年中几乎所有的周末，寒、暑假时间都被训练和比赛所占据。于是，我与那片海有了更多朝夕相伴的时间。

但面对家庭，难免要有所取舍。我失去了作为一个儿子、一个丈夫、一位父亲对家人的陪伴。想到这，那个场景，在我的记忆中永远挥之不去——2016年8月，我刚参加完为期一周的帆船夏令营，风吹日晒，奔波劳累，那一身黝黑的皮肤，成了大自然给予我的最好馈赠，我愿把这样的馈赠称为"荣耀"，但不到两岁的儿子自然还不能理解这一切。他只知道，在这身黝黑皮肤下，我迷失了父亲的影子……他，竟认不出我了。

对于孩子，我心里是愧疚的，作为一个父亲，我是多么地不尽责。

深深的自责顿时将我困住，当我迷茫时，最让我感动的，是家人对我工作一如既往的理解与支持，他们选择站在我身后，做我最坚强的后盾！

"去吧，孩子，有我们，我们以你为傲！"年迈的父母、岳父母常常这样说。

妻子也常常告诉儿子："爸爸是老师，是教练员，是最棒的。"

有了家人的支持，在这条道路上，我拥有了勇往直前的无穷力量。但身边也不乏质疑和不理解——

"国栋，你这样干究竟是为了什么？"

"安安稳稳当一个体育老师，在自己家上好课、抓日常训练不就得了。"

这是身边朋友对我这种常年不休的状态最多的评价。

我笑笑，不辩白。

在旁人看来，我这样做，许是一种"不安分"吧，但追梦哪有什么年龄和职业之分，我来自那片海，誓要回归，征服一片汪洋！

辛苦付出，终有收获

追梦路上，也许有过迷茫，也许伴有质疑，但请相信：时间将是最好的证明！

我不知道，十年的时间对于别人来说算什么。但我知道，于我而言，十年，是一份初心不改、无怨无悔的执着与坚守。

靠着这份坚持和拼搏，在帆船运动方面我们取得了优异的成绩，得到了大家的一致认可。

2010年，获得青岛市"市长杯"帆船比赛小学OP级团体第二名；

2011年，获得青岛市"市长杯"小学OP级团体第二名；

2012年，获得青岛市"市长杯"帆船比赛小学OP级团体第四名；

2013年，获得青岛市"市长杯"帆船比赛小学OP级团体第二名；

2014年，获得青岛市"市长杯"帆船比赛小学OP级团体第二名；

2015年，获得青岛市"市长杯"帆船比赛小学OP级团体第二名；

2015年，获得第一届山东省帆船帆板公开赛第四名；

2016年，获得青岛市"市长杯"帆船比赛小学OP级团体第二名；

2016年，获得第二届山东省帆船帆板公开赛第六名；

2016年，获得青岛市"市长杯"小学OP级团体第五名；

2017年，在青岛市第四届运动会帆船比赛中，市北区帆船代表队在共10个帆船项目中，获得8枚金牌、5枚银牌、4枚铜牌，取得了团体总分第一名的好成绩，同时荣获道德风尚奖；

2019年，获得青岛市"市长杯"帆船比赛小学OP级团体冠军。

十年，从初出茅庐到锋芒初现；十年，从队伍组建到正式训练；十年，走向大海到踏上赛场；十年，从在失败中磨炼到领奖台上的绽放……

这一刻，所有的一切，揉进记忆，化为一瞬。

此时的那片海，才真正从儿时的"玩伴"化作了并肩战斗的"战友"，他一直都在，只是换了一种方式存在。

走下领奖台，从"零"开始

记得有一段关于女排教练员郎平的采访，当她被问及夺冠以后的感想和打算时，仅一句："回到祖国，回到训练场，一切又将从零开始。"

运动领域不同，但运动的精神永远是相通的。

在这条道路上，我们没有时间转过头回味过去，我们没有时间停下来暗自欢喜。

勇往直前，乘风破浪，是我们永恒不变的追求。

于是，我们选择，回归大海，从"零"开始。

正所谓"梅花香自苦寒来，宝剑锋从磨砺出"。韩愈有言："师者，所以传道受业解惑也。"传授什么？传授到何种程度？如何解惑？这些问题是我们训练路上的坚定指引——成绩的取得，离不开信念的坚守。

2006年，当中国共产党的胸怀向我敞开，我便明白，自此，初心不改是我的誓言，一往无前是我的职责，无所畏惧是我的担当。

我要把对家人的亏欠之情化作激励，更要把对学生的爱与责任化为动力，用扎实的训练，用傲人的帆船成绩来实现自身价值，为党旗的荣光增添力量。

当然，成绩的取得，也离不开平时训练的付出。

作为一个团队，要想前进，首先就要步调一致，达到"同频"。我与其他教练员在思想上高度重视团队的团结统一，事事讲究"练"在别人前面。俗话说"冬练三九，夏练三伏"。三月里，乍暖还寒，朝夕相伴的海水不讲任何情面，还泛着拒人千里的凉意，而我们就已经和队员一起开始了下水训练。手脚冻得发木，也没听到过一声喊苦、喊累的抱怨，初春的点点帆影承载着我们的拼搏与进取。

队员们的坚持，也在时刻激励着我，训练期间，我几乎舍弃了所有的休息时间，克服了孩子小、家庭任务繁重的困难，时时站在训练的第一线，视训练场如家，视队员为自己的孩子，苦练技术，因为我知道，现在的付出，就是有朝一日我们再次征战赛场时最坚定的底气。

我们还把每次训练都当成比赛来对待，不管天气状况和水文状况如何变化，在保证训练安全的前提下，我们都严格按照比赛的要求完成规定的每一个动作。不松懈、不懈怠，从而使我们的每一次训练都高效、准确。

其次，因材施教、科学训练也是成功的关键。队员们年龄小，教练员就要格外用心，针对每个队员的身体状况和技术特征，科学合理地安排训练科目，力求难易适当，并灵活地随机调整内容。作为教练员，我也时常亲自示范，详细讲解，组织队员互相观摩、学习，互相指正，共同进步。

此外，即使是时时相伴的大海，也难免有些捉摸不透。因此，队员们的安全，就时刻拨动着我的心弦。训练中，我更把队员的安全牢记心间，既注重队员体能、技术的培养，又注重队员体育道德与意志品质的训练。私下谈心与随时指导相结合，关注队员的心理变化。让驰骋于汪洋的孩子们，真正成为自己的英雄！

奋勇扬帆，明天会更好

回望过去，那稚嫩的海边少年，已为人夫，为人父，为人师。原来海岸边玩耍的一对小脚印，现在已被密密麻麻地覆盖。这"密密麻麻"里，有家人团聚的温馨追逐，更有团队训练的你追我赶……凝望现在，那乘风破浪的帆船，已由汪洋大海，走进了无数孩子们的心田，承载着那远航的梦，时刻准备扬帆。渴望驾驶着帆船，遇见那片海，认识那片海，征服那片海。找到属于自己的荣耀天地……

展望未来，帆船走进校园，孩子们勇敢走向大海，去探寻那未知的自然力量，去发掘未知的自身能量。在与海浪的"对抗"中，磨炼，成长。让那小小肩膀，真正能够肩负起实现中华民族伟大复兴的宏伟理想！

我们勇于扬帆，因为我们坚信，明天会更好！

薛国栋：1983 年出生，青岛市长沙路小学教师，帆船教练，2006—2010 年青岛市"帆船运动进校园"活动突出贡献个人，带领学校帆船队屡获佳绩。

扬帆起航，少年更强

姜振

帆船运动作为一种集时尚、健康、挑战自我为一体的体育运动，不仅可以增强人民体质，也有助于培养青少年勇敢顽强的性格、超越自我的品质、迎接挑战的意志和承担风险的能力，有助于培养青少年的竞争意识、协作精神和公平观念。帆船运动，是青岛市打造"帆船之都"的重要基础工程之一。2006 年，青岛市启动了"帆船运动进校园"活动，2007—2015 年，中韩小学被命名为首批青岛市帆船运动特色学校。我作为特色学校的教练员，为推动学校帆船运动的不断发展而努力着。

帆船运动带动学校发展

帆船对青岛很重要，是青岛的特色。让学生了解帆船运动、认可帆船运动、参与帆船运动是我们的目的。

1. 明确责任，协调合作。中韩小学把帆船运动进校园作为重点工作来抓，成立了以校长为组长，副校长、政教主任为副组长的活动领导小组，明确分工、责任到人。各部门协调合作，有效地推动了我校"帆船运动进校园"活动的开展。

2. 加强宣传，了解帆船文化。学校高度重视帆船运动宣传工作，利用广播、校园网、宣传栏、板报、微信群、班队会、家长会等形式扩大宣传力度，增加学校在"帆船运动进校园"活动中的影响力，丰富校园文化生活。

3. 丰富帆船教学形式。在帆船教学方面，我们多角度思考，整合各学科进行教学。把帆船知识普及教育列入全校体育艺术活动中，帆船知识普及率达到100%。充分利用好帆船特色学校的校本课程，使帆船运动知识与技能教学融入学校体育教学、德育教育、少先队活动、美术教学、科技、综合实践、阳光体育1小时等各项工作和学科教学中，使学生所学帆船理论与帆船实践相结合，提高学生驾驶帆船的能力。

4. 结合帆船教学实际需求，邀请帆船专家进校园，举行帆船知识讲座。开展帆船知识竞赛，选拔优秀队员参加青岛市帆船知识竞赛。

学生们正在听帆船知识讲座　　　　学生们正在看老师演示组装帆

5. 组建校帆船队。从2—5年级挑选适合帆船运动的孩子，建立一支30人左右的校级帆船运动队，常年开展帆船训练。选派优秀的队员参加各类各项国内外赛事，不断提升帆船人才的培养。

校级帆船运动队队员训练时合影留念

帆船训练需要掌握技巧

帆船是勇敢者的运动，是一种生活方式，一种生活态度。帆船的世界里，都是一群热爱生活、乐观豁达的人。

让孩子了解更多的帆船知识，是一种精神上的鼓励。一个循规蹈矩、没有丝毫冒险意识和探索精神的孩子，他的人生会缺乏一种趣味。在确保安全的情况下，我会鼓励孩子去尝试，去探索，去感受和欣赏不一样的人生风景。越来越多的孩子喜欢帆船，喜欢航海运动。

起步阶段的训练，孩子们需要通过帆船模拟器模拟海上环境，装船、升帆、打"平字结""八字结"等等，让孩子们学以致用。我在训练时，经常对孩子们说："面对喜怒无常的大海，打得一手好水手结可以救命。

这是基本功，人人必须会。到了海上，一个人一个船，什么事都得自己解决。"

学习帆船，首先要克服对海的恐惧，不怕呛水，才能够在风急浪大的情况下从容应对。浮桥之上，孩子们哗啦啦排成一排。刚刚开始练习时，水性一般的孩子，坐在浮桥上，一点一点蹭着屁股，把自己"滑"进海里；而胆大的孩子则像野鸭子一样扑棱棱跃起，嬉笑着重重地砸入海面。跳海、憋气、潜水、游泳这是基本功。

除了简单的安装帆船、下水驾船和上岸拆解帆船，孩子们还须学会识别风向，根据风向适时调整帆和舵。所以，"见风使舵"永远是帆船上的金科玉律。一旦遇上无风天，如何让这没有任何动力系统的OP级帆船靠岸呢？一种是用小桨，一点一点地划回来；另一种会采用摇帆的方法不断摇动船帆获得动力，从而靠岸。在正式比赛时，只有在裁判提示比赛结束的情况下才可以这样做。

下海时，我会让孩子们故意放翻 topper，实际上，"翻船"也是学习驾驶 OP 级帆船的必修课，这项训练可以让孩子减少对水的恐惧，提升孩子的海上反应能力及解决问题能力。而且帆船在翻的时候，大

小队员们在听帆船教练讲解帆船　　　　两名帆船队员在驾驶帆船
使用事项

帆船运动队队员驾驶帆船前的合影留念

多是侧翻，这时候船体仍有大部分浮在水面，熟练的驾驶者可以做到不掉下水，直接站到浮起部分。然后再跳入船身，将船正过来，把船里的水一点点倒出。即使是整艘船翻了，船体中间也有一部分的空间，所以驾驶者不用担心会被船盖住游不出来。帆船运动貌似危险，但只要能很好地掌握驾驶帆船的技巧，教练稍加鼓励和示范，孩子们对大海的恐惧和对操控帆船的困难都会很快被克服，也会为自己的突破和学得一门新的技巧而更加自信和快乐！

　　在帆船训练比赛中，要注意培养运动员积极主动的战术思想意识、灵活机动的战术方法和自信沉着的战术风格。帆船运动员要以个人帆船操纵技术为基础，充分利用场地和器材的有利条件，熟练地使用规则，在比赛中清醒、果断地利用规则，运用战术去战胜对手。

当然，对于玩帆船的孩子来说，受伤也实属平常。他们常常把伤口在海水里涮一下，就又一个猛子扎下去了。每一次大胆的尝试都是一次成长，孩子们在学习帆船的过程中，会发现这项运动并没有想象中那么简单，重重困难让他们变得更坚强，屡屡失败让他们找到了成功的方法。

碧蓝的海面上波澜不惊，一个个稚嫩的身影驾驶着帆船逐风前行，毒辣的太阳恣意地炙烤着海面，给每一艘 topper 帆船都镶上了金边。

帆船运动让孩子受益匪浅

帆船训练可以锻炼孩子们对抗自然的能力，锻炼抗挫折能力以及坚韧不拔、无所畏惧的冒险精神。帆船运动除了考验体力，还需要动脑，同时可以培养孩子乐观开朗的性格、培养团队合作能力。在帆船上，孩子能感受到那种自由自在不受约束的感觉，满足了孩子们的好奇心和好胜心。

每一期夏令营结束后，队员们收获的不仅是驾驶帆船的技能、证书，最让人难忘的还是感情，队员和教练、队员之间，通过帆船的桥梁相识相知。他们因帆船夏令营而结识，成为默契的好兄弟、好姐妹，在夏令营里互相做伴，度过了一段快乐且难忘的时光。

孩子离开父母在外训练，我既是教练也是父亲。有的孩子在国际训练营期间过生日，我知道后，就给孩子准备好生日蛋糕和蜡烛，买孩子们喜欢的小零食，集训队员们一起为孩子庆祝生日，让孩子体验到不在父母身边依旧会拥有的生日快乐！

每天训练结束，我都会组织队员开总结会，让队员交流分享一天的收获，要求每个队员坚持写训练日记，记录训练的点点滴滴。有的孩子也曾打过"退堂鼓"，可还是坚持了下来。帆船运动让孩子变得更加自信了。

队员训练日记摘录：

鑫：帆船运动是一种挑战，不论做人还是做事，都要学会坚持，挑战自我就是成功！

浩：教练带着我们训练翻覆的时候，一开始我很害怕，做起来勉勉强强的，不够熟练，教练喊着"321船翻过来"，我用力向下压，踩着稳向板终于翻了上去。教练不断指导我，虽然心里有点害怕，但我还是做到了。

乐：在海上练习时，我的船被一阵风掀翻，我非常紧张，吓得哭了起来。这时教练过来帮助并指导我。后来我觉得翻船是很正常的，没必要哭。教练帮助我一起把船翻过来，后来，船一次又一次翻过来，我都一次又一次再翻回去。这使我想到一句话："困难像弹簧，你弱它就强，你强它就弱。"

睿：训练过程是苦的，和教练、队员们在一起我是快乐的。我喜欢帆船，我要学好帆船技术。

彬：帆船训练要吃苦、要勇敢。教练说了，男孩子要善于挑战，我要做一名御风少年。

家长感言：

彤妈：自从孩子参加了帆船训练，自觉性提高了，没那么娇惯了，现在回家自己叠被子，收拾家务，变得很独立。

健爸：参加帆船训练之后，我家孩子好像一下子就懂事了，虽然平时孩子性格比较内向，但学起帆船来很勇敢。

雷爸：经历风浪后的孩子们将收获难能可贵的成长！作为家长，我们支持孩子、支持教练、支持学校！

为孩子们的坚持而点赞，感谢家长们的支持。在阳光和大海的沐浴下，孩子怎能不阳光？

帆船运动进校园一路欢歌一路行

在"帆船运动进校园"活动中，我们收获着，成长着，一路欢歌一路行。

中韩小学帆船运动队获得的荣誉

自 2007 年 到 2016 年，中韩小学连续 9 年被评为"青岛市帆船运动进校园活动先进集体"，我个人也连续 9 年被评为"青岛市帆船运动进校园活动先进个人"。2018 年我校帆船队在青岛市"市长杯"帆船帆板比赛中，荣获团体总分第一名的好成绩。每年的各类帆船比赛，我校都代表崂山区参加。目前，我校有 13 名学生代表青岛走出国门参加帆船交流、比赛活动，1 名学生获得青岛市一级等级证书，36 名学生获得青岛市二级等级证书，300 名学生获得青岛市三级等级证书，600 名学生获得青岛市初级等级证书。

2019 "区长杯"帆船帆板赛，
中韩小学运动队获奖时合影

"帆船之都·青岛"
国际推广青年先锋队合影留念

我们会珍惜荣誉，充分发挥帆船运动特色学校的阵地作用，深入开展帆船运动知识传播和实践活动，为培养和输送优秀青少年帆船运动人才、进一步提升我市帆船运动水平和文明素质、推动我市帆船运动持续发展做出更大贡献。

拥抱自然，扬帆起航，帆船运动必将迎来更加灿烂的明天。

姜振： 1977 年出生，青岛市中韩小学帆船教练员，2007 年以来，负责学校帆船队训练比赛、崂山区帆船活动工作，获得青岛"帆船运动进校园活动突出贡献先进个人"荣誉。

帆船之都 和谐校园

姜妮妮

我对帆船的认识开始于 2007 年,印象深刻。有一天领导问我:"你会游泳吗?有一个帆船培训你去吧。"带着对它的好奇我参加了那个培训,从此和帆船结缘,当年的培训给我带来了许多的惊喜与改变,虽然已经过去了十余年,但这仍然是我人生中一笔最宝贵的财富。

教师集合培训,从一开始的什么也不懂,到后来掌握帆船基本操作能力,了解了各种帆船知识,也学会了打绳结和帆船帆板稳向板的各种使用方法。记得第一次实际操作帆船的时候,因为场地有限、训练条件差等各种因素,好多老师下水就滑倒。有的割破了腿,有的擦伤了胳膊。因为船只有限,几个老师共用一艘船。每一个老师上船操作的时间有限,但是没有一个老师退缩,都很珍惜每一次上船操作的机会。不会的操作,动作不标准的,教练和老师都会在岸边大声地帮助。老师学习的热情都很高涨,以至于最后我们每一个老师都能自己轻车熟路地驾驶帆船航行在海里。从那年培训后,我和帆船结了不解之缘,直到今天。

教师培训结束以后,我就在学校里选拔学生,最初选了几个学生,因为家长不是很理解,也不是很懂,对帆船这项运动都很陌生,有的家长就不是很支持了。对那些身体条件比较优秀的学生，我就会和家长详细解释。最终我带着 12 名学生参加了第一期学生帆船培训。第一次带学生因为路途较远，我们学校没有直达奥帆中心的车。那时条件有限，有些家长因为是双职工，也没有私家车，学生到奥帆训练不是很方便。通过几次沟通，为了学生能参加这次培训，最终决定所有的学生早上 7 点到学校集合，我带领他们统一坐十几站公交，下车步行 10 多分钟到奥帆中心。那时到达奥帆中心的车辆很少，也很挤。每次我都最后一个上车，就是害怕丢掉一个孩子，现在想想都有点后怕。

2007 年至今，每年的夏天我都会带领学生参加帆船集训，从没有缺席。在这十几年的带队中，记忆比较深刻的是最初的几年，场地条件和教练配备都不是很完善。青岛的夏天海边又特别闷热，中午学生和老师都没有休息的地方，那几年学生和老师都会晒爆皮，真的很痛。2009 年，我的父亲过世了，老公在外地工作，家中有年迈的母亲和幼小的孩子需要照顾，学校领导让我休息一下，可以不带帆船训练了，可是想到如果我不带学生参加培训，学校别的老师又不熟悉，这样学生就失去了学习锻炼的机会，最后我克服自己家庭的困难还是参加了那次集训，没有耽误学生学习帆船知识的机会，我的认真和负责任也得到了学生和家长的认可，以前毕业的学生在获奖作文中写到了我，以下为节选的一段：

集训时每天会有老师带队跟随，照顾我们的日常安全。印象很深的还是学校的体育姜老师，姜老师会每天早上陪同我们一起到达训练场，替我们安排好训练的船只，和相应的教练员进行对接，检查我们的救生衣是否穿戴良好。中午会同我们在奥帆基地一起进行用餐，午休时会找寻阴凉的地方让我们稍做休息。下午的训练也是目送我们一个个出海后才会离开岸边，等待着我们下午的训练结束。每次我出海回到岸边，总能先见到姜老师的身影。当一起训练的同学不小心受伤时，姜老师总会第一时间从包中拿出早已准备好的创可贴和酒精棉，为同学做简单的伤口处理。记得我的父母有一天到了奥帆基地来看望我，晚上回家的时候和我说："你们学校的姜老师真很负责任的，真是拿你们当自己孩子一样。"现在想来，当时的我们大都只有三、四年级，不管是自救能力还是防范意识都十分薄弱，况且又是第一次接触这项运动，帆船运动本身就存在一定的风险性，我的父母能从一开始便放心地让我进行训练，我想也是正因为有姜老师这样认真负责、悉心照顾的老师，我非常感谢我的姜老师，是她让我接触了帆船，让我知道帆船是勇气与智慧的运动，既可以锻炼强健的体魄，又可以感受精神的快乐。帆船训练帮助我们塑造乐观、独立、勇敢的性格，使我们更善于融入团队，敢于承担责任、接受挑战。我很庆幸我有机会在小学时就接触了帆船运动，正是这一段经历，对我今后的人生产生了深远的影响，也奠定了我乐观、喜欢冒险的性格，我想这就是帆船的魅力——让人成长。

随着奥帆赛脚步临近，青岛市体育总会联合体育局、教育局等部门发文，决定在全市大中小学开"千帆竞发2008"活动，青岛市借助奥帆东风打造"帆船之都"城市品牌的基础工程，以在全市建立40所帆船特色学校为阶段性目标的青少年帆船运动推广普及活动——"与奥运同行，帆船运动进校园"工作正式拉开帷幕，我校是第一批被评为帆船特色学校，学校也大力配合和推广。

创设氛围，全方位营造"帆船之都，和谐校园"的人文环境

为让学生置身于浓浓的帆船运动氛围，我们精细设计了帆船知识

长廊。"扬帆正待远航时"的主题下，蔚蓝色海面上的点点白帆，雕塑精美的奥运五环所蕴含的和平、发展和竞争的理念彰显了我校的体育特色。帆船的发展历程、帆船运动的明星榜、格式帆船的规格特点……图文并茂的帆船知识成为学生了解帆船运动，热爱帆船运动，弘扬帆船运动的精神的窗口。同时，我们利用国旗下讲话、班队会、校园网多种途径，宣传普及帆船知识，让和谐育人的帆船文化充满校园的每个角落。

以"我眼中的帆船运动"为主题开展了研究性学习，全校 18 个班级，班班有课题，涉及了帆船运动的历史、帆船的类型、帆船运动所需要的内外部条件等帆船运动的方方面面。学生们走进 2008 帆船赛场，感受人文、绿色、科技的奥运理念。学生们在查阅、搜集、整理、展示帆船研究成果中，进一步激发了兴趣，了解了帆船知识，增强了迎奥的意识。

心随帆动，广泛开展"传帆船旗帜，扬民族精神"的系列活动

一、以点带面，训练学校帆船队

借助于政府为帆船特色学校提供的硬件和培训等有利资源，学校 2008 年组成首批帆船队，采取学生自荐和学校选拔相结合的原则，将兴趣高、条件好、有毅力、家长支持的学生吸纳进来，并且与技术支持单位密切合作，圆满完成了首批帆船夏令营队员的训练，营员们大多是第一次独立训练和生活，但是他们个个不怕酷暑，顽强拼搏的精神受到了教练员的一致好评。在暑假归来的开学典礼上，帆船队员和帆船教练一同升起五星红旗，小队员们给同学们讲了在训练中的辛劳和欢乐，带领大家观看了帆船训练的照片和录像，让全校师生近距离

地了解到帆船训练和比赛，激发了全校学生热爱帆船运动，了解奥运知识的热情，让全校学生了解到所有的荣誉都来之不易，需要刻苦努力才能有收获。活动受到了社会各界的关注，青岛电视台"今日60分"和"奥运日记"以及《青岛晚报》都给予了报道。

二、全面普及，编写帆船知识读本

我们设立了帆船知识校本课程，根据学生不同的年龄特点，在各个学科教学中整合和渗透。确定了低年级以激发兴趣为目标，"看帆船，画帆船，树立奥帆理想"的课程内容；中年级以初步掌握帆船知识为目标，"学帆船，做帆船，书写奥帆情怀"的课程内容；高年级以掌握和运用帆船知识为目标，"研帆船，展帆船，争做奥帆小主人"的课程内容。通过系统的、递进的课程体系的建立和循序渐进的授课，学生逐步掌握了帆船知识，了解帆船运动，提高了帆船之都的主人意识。

三、与德育工作相结合

以"爱祖国、爱海洋、爱奥运、爱帆船"为主题开展了五个一系列活动方案。

（1）组织了一次参观活动。带领学生参观奥运长廊、国际游艇俱乐部，实地体验、学习帆船和海洋科普知识。

（2）展示了一份手抄报。学生们将学到的帆船知识和研究性学习的收获，以手抄报的形式展示交流。

（3）开展了一次亲子共绘活动。教师、家长与学生共同绘制帆船宣传长卷，表达情系奥运，心随帆动的心声。

（4）进行了一次展示会。以"我眼中的帆船运动"为主题，学生们以摄影、绘画、手抄报等形式展示学校开展"帆船运动进校园"活动成果。

（5）开展了一次帆船知识竞赛。通过竞答赛，培养学生参与奥运，学习帆船，驾驶帆船的自觉性，进一步增强为国争光的责任感和荣誉感。

四、与奥林匹克教育相结合

开展了"节约能源，我是绿色奥运小使者""提高修养，我是人文奥运教育小使者"和"以点带面，奥运教育辐射全社区"系列活动。

（1）"节约能源，实行绿色奥运教育。"通过查阅帆船所需要的海洋、气候等条件，引导学生爱护海洋，节约能源，美化校园从我做起，从现在做起。

（2）"提高修养，实行人文奥运教育。"开设了迎奥运文明礼仪大课堂，让学生知道讲文明，懂礼仪，组织学生进行文明礼仪培训，培养学生行为养成。

（3）"以点带面，奥运教育辐射全社区。"积极开展迎奥运小小志愿者活动，组织学生到社区进行奥运宣传，普及奥运知识，增强居民的奥运意识。开展了"奥运知识大讲堂"活动，组织学生到共建单位进行奥运宣传和奥运知识讲解，普及基本常用英语，实现了共建单位共同提高。此外，还通过"小手拉大手"，带动学生家庭成员共同学习奥运知识和英语，共同学习、规范礼仪，创建和谐家庭。

姜妮妮：1977年出生，北仲路第一小学体育教师，2007至今连续多年获"青岛市帆船运动进校园活动先进个人"称号。学校2008年被评为帆船特色学校，2011年获"青岛市帆船运动进校园活动先进单位"，2012年获"青岛市帆船特色示范学校"的称号。

点点滴滴铸就"帆船之都"

李程

当第一次接到《青岛人 帆船魂》约稿的通知时，我有些犹豫，心里既有一种熟悉的欢喜，也有一些陌生。因工作原因，离开原来接触帆船的岗位已经快四个年头了，往日的帆船印象已经从十几年来那种亲切而又密不可分的生活中慢慢变得模糊，太多与帆船相伴的碎片记忆都已经记不起来了。如今又再次被触动，我打开电脑，翻阅往日的帆船工作材料，过去的帆船生活历历在目，如同点点白帆向我驶来……

积极响应号召，扎实做好推广普及工作

2006 年 6 月 3 日，由青岛市奥帆委、青岛市体育局、青岛市教育局、青岛市体育总会主办的"帆船运动进校园"活动启动仪式在青岛市政府门前的广场上举行，这是《青岛奥运行动规划》实施帆船运动进校园迈出的具有里程碑的一步。在本次仪式上，李沧区的永宁路小学和李沧路小学两所学校被命名为首批青岛市帆船运动特色学校。在奥帆赛来临之际，宣传奥帆赛、造势奥帆赛，成为学校责无旁贷且极其重要的工作任务，我作为全区学校体育工作的具体执行者和实施者，

带领帆船学校的领导及师生义无反顾地冲在了第一线。

为积极响应上级号召，推动该项活动加速开展，我们第一时间组织第一批学校领导及相关人员召开了专题会议，在认真研究我区实际的基础上，与结对扶持单位密切联系，共同制定出实施方案，正式拉开了李沧区开展帆船活动的序幕。2006年6月19日上午，我们在李沧路小学开展了"扬帆起航 超越梦想""帆船运动进校园"活动启动仪式。活动中，学生代表向全体师生发出了弘扬奥运精神、为打造"帆船之都"做贡献的倡议。全体师生纷纷在青岛华航国际航海运动俱乐部捐赠的OP级帆船上签名，让自己的梦想随着这美丽的帆船起航。永宁路小学也启动奥帆知识和帆船知识普及活动，借助媒体等各种手段激发学生对帆船运动的兴趣和热爱。接下来的时间里，两所学校利用宣传栏、校园广播和闭路电视系统，大力宣传帆船运动知识。全区也以这次活动为契机，按照上级部署，大力开展丰富多彩的主题教育活动，在全区师生中普及奥帆知识和帆船运动知识，让他们在了解掌握帆船知识的同时，积极传播奥帆赛知识和帆船运动知识，传播奥林匹克精神，弘扬中华民族优秀文化，为青岛市打造"帆船之都"助力。

俗话说，万事开头难。在刚开始的一段时间，各项帆船活动尽管有上级的大力支持，但地域差别还是给李沧区开展帆船活动带来一定的困难：专业教师匮乏、帆船知识所知甚少、帆船资源不足等一系列问题摆在眼前。面对刚启动的新项目，不服输的李沧人不甘落后，没有理论知识我们就加强实践操作，没有教练我们就自己动手动脑琢磨。正是凭借着这股干劲和韧劲，李沧区的各项帆船工作搞得风生水起，反而走在了各区市的前列：到2017年，从最初的两所帆船特色学校发展到了15所帆船特色学校，参与面接近全区学校的50%；全区帆船知识知晓率达100%，全员参与帆船知识竞赛活动；取得三级以上青少年帆船基本能力等级学生近千人次；参与市级培训、展演、赛事等活动的师生五千余人次。

　　为了全面做好"帆船运动进校园"活动，在全区学校体育专干只有我一人的情况下，我积极与上级部门沟通，争取领导们的支持，及时做出各项活动方案和安排，使每次活动都能顺利落地。2007年是整个帆船活动最为密集和宣传最为关键的一年：全面扩充了帆船学校数量，所有学校帆船设备下发到校，全市帆船知识竞赛首次举行，师生培训活动依次进行，市级帆船比赛大规模举办，年终先进表彰活动隆重开启，一系列活动接踵而来……面对应接不暇的文件材料，我只能加班加点地一个一个完成。学校的帆船装备出现问题，就一遍一遍地协调对口俱乐部逐一解决，在暑期的培训中，我顶着青岛特有的桑拿天与师生们在海边同甘共苦。但这一切都抵不过年终各个学校和学生们满载而归的荣誉和证书，看到全市的帆船运动因自己的点滴工作而

2008年在奥帆中心帆船营现场

有所进步，我的心中难掩喜悦之情。

　　多年的帆船工作拉近了帆船人的感情，各区市负责帆船项目的专干们还建立了一个微信群，名曰"海边人"，时常在群内讨论帆船工作的开展情况，回忆当年的帆船活动情景。当市体育总会的林主席知晓后，还热情地组织了"千帆竞发　激情燃烧"纪念青岛市"帆船运动

进校园"活动十二周年创业者团聚会活动，召集所有一直坚守在帆船运动岗位的体育人们，一起畅想、回忆十余年来的帆船生活。

努力克服困难，积极推动培训赛事活动

帆船培训是促进帆船运动开展的重要途径之一，从2006年的首次启动到2007年的全面铺开，全市的帆船活动学校和人数剧增。在此之后，年复一年的帆船培训成了帆船学校最受学生欢迎的活动，学生们争先恐后地报名参加。为了尽快推动全区帆船运动的发展，在李沧区帆船学校的确定上，我们进行了区域布局，遴选学校资源好、教师力量强的学校，确定为帆船学校，同时争取学校领导的大力支持，在人力、物力、财力上做坚强后盾。在师生的培训上，我们严格把关，选拔能力强、有上进心的师生参加，同时在评优、推荐先进等工作中优先考虑，极大地激发了参与帆船运动老师们的积极性。

从个人参与帆船活动的节点来看，全市帆船的培训工作按进展情况大体经历了四个阶段：2006年的启动阶段、2007—2008年的普及阶段、2009—2014年的推广阶段以及2015年以后的持续阶段，每个阶段的工作重心不同。

2006年，全市试点推广，李沧路小学和永宁路小学十余名学生参加了首批帆船运动培训。孩子们在帆船夏令营中刻苦学练，不喊苦，不叫累，打下了牢固的基础，掌握了良好的帆船技能。在青岛市首届"华航杯"中小学生帆船比赛中，李沧路小学获得小学组团体总分第一名的好成绩，该校的许楠同学和刘镜杰同学还包揽了小学OP级女子组第一名和第二名。该校在首届"市长杯"帆船比赛中又获得小学组团体总分第二名的好成绩。永宁路小学也获得首届"市长杯"帆船比赛团

体第三名的好成绩，黄宁同学获得个人单项第二名，李艳、林姗两位同学分获第五名和第七名的好成绩，是李沧区积极参与和大力推动帆船运动的良好开端。

2007年是全市全力推广帆船活动的一年。在市帆管中心的指导下，我们确定了15所学校为帆船校。暑假期间，我们选拔了20名骨干教师和114名学生代表参加了当年全市组织的帆船培训。李沧区离市区距离最远，而且学校跨度大，我们积极争取局领导支持，统一配备班车、午餐，分批进行培训。培训过程中，在体验式培训的基础上，选拔组成区队进行集中训练，在参训老师和支持单位的通力合作下，学生们的帆船运动能力也与日俱增。

2008年是青岛市全面推进帆船活动的一年，为了提高各区市培训的便捷性和实操性，上级部门将各区的暑期培训放在了区内组织。鉴于李沧区没有下船坡道的实际情况，经反复研究和考察，我们做出了吃、住、学在营地（青岛市素质教育基地），训练在青岛即墨天泰海水浴场的安排。集中培训为期半个月，参与的200余人每天往返于李沧和即墨两地，既要组织好大家的食宿生活、学生管理，又要安排好车辆调动、训练组织、物资调配等，白天在训练营地与师生们一同体验装船、下海，感受着开阔海域因风大而艰难和有危险性的训练，带着一天的疲劳和大家一起制定下一步的计划方案。这次培训，是唯一放在区内组织的一次，也成为我区师生参与帆船培训最为难忘的一次培训。尽管培训期间条件艰苦，训练量大，但天道酬勤，在青岛市第三届"市长杯"帆船比赛中，我区取得了综合团体第二名的好成绩，此外还获得了帆船特色中学组团体第一名、帆船俱乐部中学组团体第三名和帆船特色小学组团体第四名这三个奖项，另有16名运动员分获第一名至第八名的个人奖，成为有史以来成绩最好的一年。

2009 年以后的培训，基本进入了后奥运帆船发展阶段，市区的帆船培训和比赛基本集中在奥帆中心进行。每年的春季忙于制定普及和培训方案，到了暑期则是紧锣密鼓的培训、交流、展示和参观等活动，而到了秋季基本上就是各类帆船比赛、体验活动，入冬以后则是整理帆船装备、进行总结，每年的帆船活动总是忙碌、充实，而又收获满满。

甘于搭建平台，努力促成帆船人才成长

帆船是一个运动项目，但它搭建的却是一个巨大的平台，这个平台为喜爱帆船的师生们提供了众多的成长和成功的机会。十余年来，李沧区的帆船工作一步一个脚印，一年一个台阶，正是这一点一滴，使青岛获得了"帆船之都"的美誉。在陪伴师生们成长的日子里，我深深感受到的是他们锲而不舍的努力，任劳任怨的付出，扎实肯干的品格。甘为他们的梯子，也是我多年付出的回报。

2007 年，从李沧区第一批帆船学校——李沧路小学毕业的刘镜杰同学作为李沧区的帆船运动员，第一次走出国门，到世界帆船之都——德国基尔市参观学习，她也是全市第一批参加外出交流的学生之一。在市帆管中心的组织下，到 2013 年，全区已有优秀师生王安农、王浩、陈宝文、段晓琳、王建辉、李江雪、李佩森、王小林等 10 人次分赴德国、西班牙、法国、南非、泰国等国家进行交流和比赛。交流活动为学生带来的不仅仅是对外面世界的认识，也对他们的人生有一定的改变，甚至影响其一生。李沧区遵义路小学的李佩森老师和学生王浩、王建辉，先后被选派到国外进行交流，他们所在学校是李沧区最北部的一个比较偏远的学校。正是学校领导的大力支持和他们多年的不懈坚持，他们才成就了自己，该校为青岛市输送了一批又一批帆船后备人才，

他们正是青岛"帆船运动进校园"活动最好的见证者。

　　除了走出国门，每年的国际帆船营、克利伯帆船赛参观活动等，也进一步开阔了师生们的视野。每年一届的国际帆船营是实实在在为学生们带来与各国学生交流和学习最好机会的活动。在国际帆船营里，我们的学生同国外的孩子们面对面地交流，在帆船培训时，他们有机会与高水平的外国队员

和老师们同船体验大帆船

一竞高低，在活动仪式时与他们同台感受异域风俗，所有这一切都是帆船这个大舞台给他们带来的不同人生体验。

　　帆船队员林珊、黄宁是李沧区帆船项目培养出来的优秀运动员的代表。他们最早接触帆船运动，最终凭借帆船运动升入高等学府。黄宁毕业后，重新回到李沧区担任一名体育老师，目前仍在从事学校帆船运动进校园工作。从李沧走出的优秀帆船运动员郑毅，继2017—2018克利伯帆船赛成为一名"青岛"号大帆船大使船员后，又于2019—2020克利伯环球帆船赛中，实现了一名环球全赛段大使船员目标，是该赛季赛队中最为年轻的大使船员。

　　十余年的帆船工作经历，正是青岛帆船运动的蓬勃发展时期，相

信青岛的帆船工作在所有帆船人的努力下，必会如同青岛这座国际化大都市一样飞速腾飞，扬帆起航，驶向远方！

李程：1975 年出生，原青岛市李沧区教育体育局学校体育专干，2006 年至 2017 年离开该工作岗位，一直负责李沧区帆船运动进校园工作，期间，多次荣获"青岛市帆船运动进校园工作先进个人"称号。

从浮山湾驶向太平洋

刘明玥

初识帆船运动——驾驶 OP 级帆船

青岛人爱运动，我们全家也爱运动。我妈妈参加了两届山东省运会，我爸爸参加了一届（后来他成为我的队友，父女俩一起参加了 2015—2016 克利伯环球帆船赛）。我从六岁就开始练习游泳了。

2001 年北京申奥成功后，青岛成为奥运会帆船比赛城市。2006 年青岛市启动了"帆船运动进校园"活动。我有幸成为第一批帆船小选手。

那年，我在四方实验小学上四年

2006 年首届"帆船运动进校园"活动

级。一天，王毅教练来我们班，问我愿不愿意练习帆船，当时我根本不知道帆船是什么，但一听驾驶帆船在大海上航行，就兴奋地答应了。

从那时起，我的时间表就是：周一至周五上课，周六周日训练，暑假、寒假全天训练，风雨无阻。2006 年之前，我每个假期都跟随父母旅游，但自从练习帆船之后，就再也没有出去旅游了。

我清楚地记得 2006 年 8 月，我参加了第一届 OP 级帆船国际夏令营。我第一次驾驶帆船单独下海时，既紧张又兴奋，那种在大海上自由驰骋的感觉，深深地震撼了我。由于我会游泳、不怕水，所以敢做动作，在那批小队员里表现不错，经常会受到教练的表扬，我也信心满满。

但是第一次正式比赛，我却马失前蹄。

2006 年 10 月的青岛市帆船锦标赛，我由于出发不好只获得了第五名。一上岸，我就气得掉眼泪，午饭也拒绝吃，教练劝我也没用。由于不服输、不偷懒，我的比赛

2007 年参加"第二届青岛市帆船比赛"，
第一次获得帆船比赛冠军

成绩逐步提高，从 2006 年青岛市的第五名，上升到 2007 年的第一名，逐渐成为四方区帆船队的主力队员。

2008 年青岛奥帆赛之后，青岛市成立了帆船队。我成为首批队员，开始跟随奥运金牌教练苏里指导进行训练。那年我上初一，个子长高了，OP 级小帆船装载不下我的身体和梦想了，我终于要和朝夕相处了三年

半的 OP 级小帆船说再见了。

改练"双人帆船 470"

改练双人艇 470 后，我成为舵手。苏导对队员非常严厉，非常注重细节，但在训练外又对我们格外关心。日常训练除了技术、体能，还增加了大量的理论、战术课，最大的变化是需要与缭手配合驾驶帆船。起初，我并不适应。因为原本我的性格偏内向，现在需要我必须与缭手密切沟通，甚至大声讲话，每次起航、航线选择，乃至每次转向、绕标、过帆，都必须做到。经过一段时间的磨合，我和缭手配合得越来越默契，我们认真完成每次的训练课。付出终有收获，我的比赛水平大幅提高。在 2008、2009 年，我几乎把青岛市各项重大帆船比赛的冠军，都纳入囊中。

驾驶双人帆船 470，获得省冠军

2008 年，我获得了青岛市帆船锦标赛第一名；2009 年，我获得了青岛市运动会第一名；2009 年，我获得了青岛市帆船帆板公开赛第一名；2009 年 10 月，我在山东省帆船锦标赛上获得了第一名，成为省冠军，因此也成为国家二级运动员。

2010 年 9 月，我代表青岛市，参加了山东省第 22 届运动会，并夺得银牌。作为业余学生选手，我打败了许多专业运动员，为青岛争得了荣誉，因此也成为国家一级运动员。

青岛帆船队是个有强烈荣誉感的团队，每个教练员、运动员都在为捍卫青岛的荣誉而存在。每年的暑假、寒假是青岛队集中训练的黄金时间，我们的运动量很大，成绩提高得也快。记得有一次寒假，隆冬时节，五六节风，对于有五年帆龄的我，自认为不在话下。但是一次操作失误导致翻船落水，我和搭档马上进行正船操作，470帆大船重，我俩一阵努力也没能正过船来，当时我俩都穿着厚厚的冬季下水服，折腾一会儿，衣服里就开始进水，衣服变得越来越重。因为天气寒冷，我们四肢变得僵直，动作越来越缓慢。危急时刻，章祥峰教练发现了险情，立刻从远处驾驶教练艇赶过来，二话没说就跳进冰冷的海水里，帮我俩把船正过来，并拖到岸上。感谢章教练救我们于冰水之中。"队员失误，教练跳海"这个故事被大家调侃了好几年，我却能记一辈子。青岛队就是这样一个有情有义的大家庭。

2011年、2012年，我连续两年获得"山东省帆船帆板锦标赛"第一名。随着比赛水平的不断提高，我开始有机会参加亚洲级别的比赛。2012年，我参加了"亚洲HOBIE级帆船锦标赛"，获得了第六名。

在浮山湾的帆船上，我快乐地成长着。可另一项挑战也一直如影随形。2008年加入青岛帆船队，我正好上初一，学业越来越重，中考压力越来越大。练好帆船的同时怎么能不耽误学业呢？超银中学的老师和我的老爸老妈出手相助了，由于学习成绩＝学习时间×学习效率，我的学习时间短，所以我只有提高学习效率！我把课本由厚读薄，再由薄变厚，英语《口袋字典》和《星火记忆法》都成了我的密宗宝典。初中三年间，我的学业没有落下，而且在2011年顺利考上了青岛二中。

2012年11月，青岛队第一次组织去海南冬训，为期四个月。青岛水上训练中心非常重视我们这些学生选手，白天安排我们在海上训练，晚上组织我们在教室上文化课，还请了辅导老师。期间，我飞回青岛参加了高中毕业会考，会考第二天又飞回了海南继续训练，现在想想那时也够拼的。作家于淑敏说得好："所有的动力都来自内心的沸腾。"最终我顺利通过了高中毕业会考。

由于省队、国家队也都在同一个水域训练，我们有了观摩、交流、同场竞技的机会，我的比赛水平有了大幅度提高。我在海南集训期间收获满满。更幸运的是，半年后我有了参加国际大赛的机会。

2013年10月，我参加了国际帆联世界杯帆船赛，获得了第八名，并且获得了"国家运动健将"的专业证书。对于一个出自"帆船运动进校园"活动的学生业余选手，这是我莫大的光荣。

驾驶克利伯 70 英尺跨洋大帆船

2014年，我又一次参加了山东省第23届运动会，获得了银牌。这是我第二次参加省运会也是最后一次，因为我被澳大利亚阿德莱德大学录取，就要准备出国留学了。在我等待大学开学期间，一则消息又让我内心沸腾起来：

郭川船长鼓励我和爸爸共同参加克利伯帆船赛

2015—2016克利伯环球帆船赛"青岛"号，公开招募大使船员。而且这次内心沸腾的不止我一个人，还有我的老爸刘庆军。于是我们两个一起报名，一起备战，一起参加了选拔。选拔结束后，我马上飞往澳大利亚上学。当时，我是在课间接到入选通知消息的，这令我激动不已。19岁的我即将登上克利伯70英尺大帆船，成为"青岛"号最年轻的参赛选手。感谢青岛市给我跨洋航行的机会，我太幸运了。更幸运的是，我和老爸一同入选，我们成了同船队友，想想父女秒变队友，简直是一种梦幻般的感觉。

办理完大学休学手续后，我飞往英国朴茨茅斯（老爸和其他中国队友也同期抵达），开始了为期4周的远洋航行培训。这是航海界里大名鼎鼎的RYA体系里的一个系统培训，针对远洋航行的水手，内容涵盖了帆船结构、航行原理、帆船操作、电子导航、逃生救生、天文星象、船上生活等方方面面的课程。从水平一到水平四，每周一个水平培训，一周结束后马上进行测评，只有测评合格后才能进入下一周的更高水平培训。对培训生来说，压力何其之大。

克利伯70英尺大帆船的结构、系统、组件，与我之前的帆船相比更加复杂。但是原理架构都是一样的，对于已经与帆船相伴11年的我，学习帆船和操控等知识和技能并不困难。由于我大学专业是运动机械工程，我还特意学习了克利伯大帆船的机械传动、电子导航两个系统。为日后在正式比赛中，对机舱内的设备进行日常维护和小故障处理，打下了基础。

环球帆船赛与场地赛最大的不同，就是每个赛段一旦开赛，十几个船员比赛、生活都在船上，而且一待就是几十天。所以在培训中，还会考核我们的"船上生活"技能，包括按照食谱为全船队友制作三餐，手工缝补船帆和绳索等等。这是我遇到的新课题。多亏老爸的出手相助，经他一番点拨，我顺利学会了。

当然更多的时候，是我给老爸当老师。他帆船技能不如我，有的技术课件听不明白，就拿着记得密密麻麻的小本子来问我，我也是有问必答。于是我们父女成了最佳学习搭档，互帮互学、教学相长。烈日当头的甲板上，码头旁的长凳上，或是在船舱里的灯光下，父女一起研学的场景，都成了我们现在美好的回忆。

从开始的磕磕绊绊，到逐步找到状态，再到建立起自信，我们一次性通过了四周的培训，也通过了实战模拟——往返英吉利海峡。当"青岛"号船长 Igor 递给我最终的测评合格报告时，我终于有资格航行太平洋了。

克利伯环球帆船赛是世界三大环球帆船赛之一。航程 4 万海里，用时 300 天，12 条赛船。环球一周，共分 8 个赛段。我的赛段是从澳大利亚大堡礁的圣灵群岛到中国青岛。南北跨越太平洋，过赤道，中间停靠越南岘港。对于我而言，这个赛段就是回家之旅。与以往不同的是，平时从澳洲回青岛，飞机飞行只需 11 小时，而这次需要航行 6600 海里，用时 2 个月。有人说，回家的路总是太漫长。那这次真是太太太漫长了。

2016 年 1 月 18 号比赛开始了。"青岛"号全船 17 个人分为 3 个值班组。任何时刻都有一个工作组在甲板上操控帆船，第 2 个组在船舱内做预备队（做饭、内务，并随时上甲板支援），第 3 个组在吊铺睡觉休息。全船像一台机器有条不紊地运转，每个人都争取做到最好。目的只有一个：让"青岛"号跑得更快。舵手、中仓手、前帆手各司其职，密切配合，争取快速、准确地完成每一次的升帆、缩帆、降帆、转向、过帆、换帆、收帆。

随着比赛的进行，我们之间的配合越来越默契，"青岛"号也一直保持在前三的位置。当然"青岛"号也有失误的时候，由于乱风或者配合不当，有一天连续 2 次升球帆不成功。每次失败，都要将球帆收回船舱内，然后每 1.5 米用毛线绑扎一次。球帆有 300 多平方米，而船舱长度只有 17 米，难度可想而知。加上当时"青岛"号行驶的南半球正值夏季，舱内温度在 40℃ 以上，我和另外两个队友要用 1 个小时才捆扎完一次球帆，而我们三个早已经大汗淋漓，浑身湿透。

相比较而言，我更喜欢舵手岗位。我一握上舵轮，就开始努力寻找滑浪的角度，就像我以前在 470 比赛中那样，一旦找到，就是做到了船海合一，"青岛"号就会跑得平顺、快速。接下来就是更长时间保持这种船感，"青岛"号就能一点一点积累起优势。

出发十几天后，"青岛"号穿过赤道。按照航海惯例，还举行了一个有趣的过赤道仪式。按照惯例，没有穿过赤道的水手叫"菜鸟"，穿过了赤道就有资格叫"老鬼"了。当天仪式开始，我们菜鸟跪在甲板，"老鬼"扮演海神王，手持鱼叉，迎面怒吼：

克利伯澳洲至越南赛程结束，父母迎接我

"你有什么罪孽，如实招来！"于是菜鸟们一个一个虔诚地坦白，有人说到动情处禁不住潸然泪下。好在我是年少女孩，涉世未深，罪孽不多，得到的罚最轻。执法"老鬼"从漂着菜叶、饭粒、油花的泔水桶里舀了一碗，从我头顶浇下。中年大叔 Sean 就没这么幸运了，交代了一个罪孽。海神王认为不深刻，让他继续交代，于是大叔 Sean 一连交代了七荤八素之后，海神王又说："罪孽深重，必须重罚。"于是剩余的大半桶泔水从他头上浇下，一滴不剩……仪式结束后，我终于成了"航海老鬼"。甲板上响起一片掌声、笑声、祝贺声！有此经历，得意一生。

风暴过后的甲板

比赛继续，"青岛"号一路北上，天气越来越冷，我们已经换上了厚厚的重装航海服。行驶到舟山群岛水域时，我们与风暴天气不期而遇。由于岛屿众多，可以航行的水域狭窄，我们没有更多的航线选择。海风在支索上尖声呼啸，四面八方传来轰隆隆的背景音，海浪一排排涌来，把船推上浪尖又扔下谷底，让我瞬间产生失重的感觉，有时在刚被一个巨浪推上浪尖马上又被第二个浪打得剧烈甩尾，桅杆、横杆嘎吱作响，绞盘也不时发出咣咣的声响。海浪一次次冲上甲板，打在我们身上。

与克利伯赛事创始人罗宾爵士合影

船长亲自掌舵，全船气氛

凝重、紧张。风速保持在 50 节，有时达到 80 节，我们只好谨慎应对。先后降下大前帆，换成小前帆，再降下小前帆，再缩主帆，最后再降下主帆升起风暴帆。由于船体颠簸、倾斜严重，船长决定停止做热饭。我们饿了就只能吃袋装面包或者打开罐装牛奶冲杯麦片。全员都进入工作状态，从迈上甲板的第一步，就严格要求挂上安全带。队员间互相提醒、互相监督，保证每次操作都做到安全、准确。好在两天后寒潮天气减弱，我们有惊无险地脱离险情，继续比赛。通过这次经历，我深深体会到，我们不是战胜了大海，而是按照大海的要求去做，大海妈妈才准许我们航行。

2016 年 3 月 12 日 12 点，"青岛"号抵达青岛奥林匹克帆船中心码头，受到青岛市民热烈欢迎。我也首次完成了跨太平洋的航海比赛。6600 海里，58 天，在我的心底烙印成铁。

八天后，我含泪告别了我的船长和队友，飞回澳大利亚，继续我的另一种航行。

驾驶"人生之舟"

感谢青岛市政府，感谢"帆船运动进校园"活动，不但让我有机会接触帆船、爱上帆船，一步步成为二级运动员、一级运动员直至国家运动健将，而且还为我开启了另一艘"人生之舟"。

2009 年，青岛市政府对三年来"帆船运动进校园"活动进行总结和表彰，我有幸被评为"帆船运动进校园活动先进个人"。因此，2010 年我获得了一次公费去澳洲参加帆船夏令营的机会。在澳期间，我住在夏令营 OP 小选手 Brown 家里。我们一起到他的学校上课，一起去他的俱乐部进行训练。多亏老爸老妈从小就督促我学习英语，这使我能与 Brown 一家一起生活、能跟随澳洲教练进行训练，全英语环境我一点不怵，甚至还提升了信心。Brown 一家的友好、善良，澳洲学校的开放活泼，当地帆船运动的普及，都给我留下了美好的印象。一个月的澳洲之行，开阔了我的视野，澳洲留学的想法就像一粒种子在我心底萌发。

回国后，我马上投入留学准备中，人生之舟就此起航。新东方英语强化、高中毕业会考、澳洲大学预科，这 3 个"赛段"顺利结束后，2015 年我开始申请澳洲大学。我计划选择一个和运动有关的专业，这会让我在今后的帆船道路上具备理论支持；或者选择一个工科专业，因为我擅长物理和数学。我看到阿德莱德大学的运动机械专业时，眼前一亮，感叹道："多么两全其美的专业！"通过进一步了解，我发现，这一交叉的新兴学科在阿大处于前沿水平，我当即就决定申请这个专业，随后也如愿成功被录取。

随后四年的澳洲大学学习和一年的美国大学学习，充满了挑战和艰辛。但是我心中一直有一个梦想：通过我所学的运动机械学、流体力学、材料学、电子学、计算机建模的知识，研究现代水翼帆船的升力、阻力和稳定性的三者关系，进而制造出最佳水翼的模型。我知道以我现在所学的知识是不够的，所以我听从了导师的建议。在申请到课题经费和全额奖学金后，2020 年我开始攻读博士学位，以便储备更多的知识。目前博士课题的研究已经一年了，梦想始终都在，路途艰难且长。人生之舟一直在航行。

感恩师长栽培，伴我一路成长

"帆船运动进校园"活动自 2006 年推出，至今已经走过了 15 个年头，成千上万的青岛孩子参与其中，这是青岛打造"帆船之都"的基石和未来。除了红瓦绿树，我们还有点点白帆，这些正在成为我们青岛闪亮的城市名片。

我是幸运的。作为首批"帆船运动进校园"活动的小选手，我既是参与者，又是受益者。回顾自己的成长，我一路得到众多领导师长的教诲和栽培，感谢启蒙教练王毅老师，感谢青岛队苏里、章祥峰指导，感谢在克利伯备战中鼓励我和爸爸的郭川船长，感谢两次出国比赛前给我教授英文航海课的宋坤姐姐，感谢每次发奖都爱拍拍我头的臧爱民市长、林志伟会长……

15年的帆船训练也让我懂了很多，让我懂得了天道酬勤，懂得了尊重风浪，懂得了尊敬对手，懂得了友谊，懂得了合作，懂得了坚强，懂得了胜不骄、败不馁，懂得了不抱怨、靠自己，懂得了感恩，懂得了生命的脆弱，懂得了珍惜当下的生活……

如果把青岛比喻成一艘乘风破浪的大帆船，我愿意成为船上千千万万绳结中的一个8字结或者丁香扣。既然选择了远方，便只顾风雨兼程。

刘明玥：1995年出生，第一批帆船运动进校园学生，帆船类国家级健将，克利伯环球帆船赛船员，因为帆船运动选择专业方向，澳大利亚生物机械博士，与父亲共同参加了2015—2016克利伯环球帆船赛。

琴海的船歌

许楠

这场大雾来得突然，白得透彻的船帆无声融进更白的海雾，风静了。

我手执副舵柄，坐进船舱里，雾的降临让眼前景象变得虚幻，除了白与更白，我什么也看不见。失去了风和光的指引，方向感开始模糊。

今天练什么？长距离迎风直线驶。我们从奥帆中心的湾子口一路向南跑到了银海的南侧水域。刚才风力已经到了5—6m/s，阵风有7—8m/s，所以这次的训练场地被跑得很大，远处听不真切的喊话声断断续续地传来。临近傍晚，退潮流渐渐变大，在缥缈的等待中，我们会被不知不觉地冲散到看不清海岸线的外海。

迷雾赶走了风，盖住了光，遮住了视线，夺走了方向感。有种恐惧笼上心头，在缥缈的等待中，它渐渐变得越来越真实。

闭上眼睛时，忽听见迷雾中存在一个声音——它曾出现在我海上训练的每一秒，伴随着我运动员生涯的日日夜夜——"哒哒哒"，这船身与水面碰撞而成的击水声。

一低头，竟分明地看到了海，这清澈的，碧绿的，摇荡着我的小船的海。我伸出手，微凉的海水透过指间，打着旋儿向船尾掠去。倏忽间，有一个影像逐渐清晰起来，他穿越了时间和空间从我的心底浮现，他变成了我，我是圣地亚哥。我心中在这一刻的所有感觉，都在老人与鲨鱼的最后一搏之后，在老人驾驶着他空空的小船时，被海明威写了去："什么念头都没有，什么感觉也没有。他此刻超脱了这一切……风，风是我的朋友，偶尔立场不定的朋友；海，海也是我的朋友，亦敌亦友的朋友。"这一切，于我只意味着一件事：归宿。

我也曾在苍茫的海面上航行过无数的八十四天，日出时，驾着空空的船从港口驶出；日落时，驾着空空的船从港口回来。这一进一出之间所发生的一切，是我和她之间不能名说的故事。上岸时，我们也曾拖回过一条有着大尾巴的白色脊骨，它是鲨鱼的漂亮尾巴吗？我记不清了……

这段记录大雾下的经历与想法的文字节选改编自我在青岛九中读高中时写的文章《圣地亚哥的海》，这段奇特的经历后来被刊发到了高考语文期刊中。"帆船"是我在学生时代的写作中总也绕不开的题材，似乎那时候人生中所有值得铭记的事都上演到了这片海上。

零的起航

青岛市的"帆船运动进校园"活动开始于 2006 年的春夏之交，我就读的小学被列入第一批"帆船特色学校"的名单。在五年级的一节音乐课上，体育老师突然走进教室，召集暑假想去海边体验帆船的孩子。我就是在这时举起了手。

第一天，训练地点在青岛第一海水浴场，我找了好久才找到藏在最东侧三个白色大篷后面的夏训基地。老远看到在船库和训练设备旁边的遮阳棚前的矫健教练：皮肤黑黑，身形壮硕。他也瞥了我一眼。

这一眼看得我有点怵，连招呼都忘了打。第一次下水感觉不错，下午一直跑得很稳，竟撑到了训练快结束，都没有翻过船，不禁喜不自胜。我坐在船舷上，心里想着把帆松掉，乘着这船尾的风就可以上岸了。夕阳向西斜去，染红了浮着丝丝卷云的天空，退了大潮的海面一片平静。

忽然，"海上飞人"的巨大拖拽船从眼前疾驰而过，比我的小船高出一倍的浪头随后汹汹而来，越涌越高，我慌了神地没处躲逃，下一秒人就在水里了。终究逃不过被矫教练打捞上艇的命运。

这天是 2006 年 7 月 15 日，是我第一次结识帆船的日子。

八月上旬，"基尔"帆船夏令营开始了，我随学校团队进驻了青岛二中，进入了人生中第一次"集体生活"。这届夏令营办得热热闹闹，主办方请来了当时国家队鹰铃级的三位现役运动员。讲座上，她们三个一唱一和，妙趣横生。同样是机缘巧合地被带入了帆船圈，但奥运会的鹰铃级帆船比 OP 级高大许多，而且三人艇海上航行的故事波折又丰富……我眼中的她们，身后逐渐笼起光环，照亮了整个会场。交流结束后，我也脱下套在外面的夏令营文化衫和营员们一起排队请她们签名。这件衣服后来被我小心翼翼地捧回家。在两年后的 2008 年北京奥运会上，听闻殷剑在帆板 RX-S 级比赛中摘得了中国代表团帆板项目的首金。直到 2012 年伦敦奥运会时，激光雷迪尔级的徐莉佳才率领中国代表团实现了帆船项目金牌零的突破。而此时，奥运会中的鹰铃级已被同为三人艇龙骨船的伊利奥特级取代了。

2010 年，我的缭手林春秀被选入国家队集训跑伊利奥特级，几个月后回来了一趟。重新和她搭档跑船时，我这舵手拉绳子一把升球帆的速度竟然跟不上她站到船头去撑球帆杆的节奏。第一次见到突破了队中最高水平的技术，我惊呆了。后来，在北京体育大学里，与国家队队员打交道便成了常事，从带领和保障训练，再到日常的生活，在交往中，"国家队"三个字便逐渐在心中变得亲近和平常了。我今年毕业后回家整理东西，找到了第一届"基尔"帆船夏令营中，请当年正在备战2008年奥运会的国家鹰铃级队员签名的文化衫，圆珠笔的字迹变淡了，像所有那些被不可回溯的时光冲刷掉了色彩的回忆……我把玩了一会儿就又默默地包好收了起来。它的价值与名誉无关，她们曾作为榜样在我的心中存在过，她们的故事，曾带给我对帆船和体育的无限憧憬。在2006年的夏令营面前，我一直都是那个无所知且无所畏的勇敢女孩，怀着满满的激情和热血，要在竞技体育和帆船这条路上义无反顾地永远走下去。

那年夏令营以第一届"华航杯"帆船赛作为尾声。比赛那天，奥帆中心人山人海。所有营区的孩子都跑着小OP级帆船，混乱地冲撞在现在的火炬大坝和五环标志大坝之间的湾子口，起航船是以前未在海面上见过的大游艇，场地四周有仲裁、教练和媒体的橡皮艇来往穿梭。我也漂在熙熙攘攘吵吵闹闹的船群中，默默等起航船升起信号旗。余光中看到一条橙黄色的有篷橡皮艇从岸边赶来，然后绕着船群的外围缓慢行驶。这时，艇上突然有人招呼我喊："许楠，给我拿下第一！"

那天冲终点的时候，我果然拿下第一了。

2006年的后半年里，我又参加了一些比赛，拿了一些成绩，接受了一些采访，得到了一些表彰。有时看到和自己相关的报道便裁剪下来，想要一直收藏。夏天结束后，那条写着我名字的小OP级帆船被学校带回去放在了实验楼前的草坪上。课间有许多同学来好奇围观，我自己每次路过时，也免不了亲切地向我的船多看一眼，暑假生活被延续进了新学年，帆船文化也就这样一路从海上驶进了校园。

冬夏流年

夏天过后，帆船特色学校的队伍就陆陆续续离开了训练营，而我则跟着矫教练一直练了下去。夏去冬来，一浴东边的训练基地被转移到了最西头的小木房子前，青岛市水上训练基地的办公室当时就在这里。和我们一同过来的还有四方实验、银海和嘉峪关等小学的营员。这时的冬训队伍，有些像后来青岛市帆船队的雏形。也就是在这时，我遇到了运动生涯里最大的恩师和关系最好的一众队友。

因为被王毅老师发掘，我才正式走上了帆船运动员的道路。

转来 2007 年，天气初暖，奥帆基地还没有完全建成，岸上的更衣室和卫生间还是简陋的移动板房，我们大概是第一支将之投入到正式帆船训练的队伍。青岛的初春乍暖还寒，在板房换衣服实在太冷。OP级帆船稳定性相对高，即使下海也不容易搞湿衣服，所以多数时候我们就直接从家中穿着下水服来了。若偶尔遇到风大浪大的天气不小心翻了船，便跑到队员家长的私家车里换换衣服。"练帆船"这件事，已牢牢地把教练、队员和家长凝聚在了一起。我算是被王老师从一浴"捡"了回来，渐渐融入了四方实验小学帆船队，这支帆船队是那时我心中的归属地。

帆船这个神秘又高贵的运动曾经那么遥不可及，一场"帆船运

2007 年山东省锦标赛·日照

动进校园"活动让它走进了人们眼中，让它走进了我们的心里。但在2007年的时候，其实还并没有人确切地知道青岛的帆船今后究竟会去向何方，我们也不知道自己在竞技体育这条路上能走多远。那些年，王老师只是带着我们在海上度过了所有节假日的每一天，天海之间只有我们对帆船纯粹的热爱，这种无关功名的前行，无意间地让我们走出了每个人脚下最坚定的路。

我们是王毅老师带出来的第一批运动员，在后来的很长一段时间里，都包揽着青岛市比赛和山东省比赛的冠亚军。训练的头两年里，有这样一个"元老团队"凝聚成了队内的核心力量：刘明玥、李阿康、李心宇和我。从2013年到2015年，我们陆续退役进入大学深造。只有王老师，一直在奥帆中心的码头，带着一批又一批的孩子。退役之后，我们很少聚会，多数时候都各自在外漂泊，几年都难得一见，我们身边的时间好像都随着世事的变迁走过了很久很久……

直到去年夏天去拜访王老师时，问在哪儿找他，王老师说："还是一点，在奥帆。"这句和15年前一模一样的话，却忽一下子让这些年的漂泊都变得轻松了，所有分别的日子也都不算数了，似乎上次跟着王老师训练只是昨天，让我一度恍惚明天是不是要带下水服。

2008年残奥会结束之后，帆船国家队的苏里教练便回到青岛，着手组建青岛帆船队，除

青岛市队成立之初成员合照

了四方实验小学，还接纳了许多从前参与过"帆船运动进校园"活动的营员和从省队回来的运动员。2008年沙滩上的冬训结束后，我们开始把原先停在一浴的船陆续运送到奥帆中心，水上训练基地的办公室也随之搬了过来。2009年间，在苏导和章祥峰教练的带领下，青岛帆船队的规模逐渐扩大，训练体系逐渐成熟。

在苏导回来之前，我跑了几个月的激光级帆船，激光的动作技术和OP级很像。但我那时只有12岁，体形太小，风稍微大点就控制不住船的平衡了，在激光上压舷压得非常艰难。悦浪级帆船帆面积稍小，船体更稳，但流线型不如激光流畅，所以风大时压舷似乎更费力。级别转型期间，跑大帆船的经历似乎成了我心中的阴影。直到2008年底新船运来之后，我才找到帆船运动中最适合自己的位置——470级舵手。470级帆船是双人艇，从前青岛海边并没有这一船型，直到苏导回来后，才正式开启了这级别的海上训练。

正式开始跟随苏导下海训练是在2008年末，这个季节的青岛正是寒气初上，秋风四起的时候。因为对470的操作尚不熟练，我在最开始一个月里经常翻船。每天中午上岸，最先迎接我们的必然是一大碗姜汤。有苏导或者章教练守在旁边的时候，我们这些女孩子还会被逼着再喝一碗。吃饭的时候，我们把保暖服脱下来，在正午的阳光和海风里晾个半干，午饭后换上

海上的苏导

再接着下海。帆船的海上训练是季节性运动,青岛冬季气温低,夏季小风天居多,只有秋天的风力最适合训练技术。从刚接手的时候,苏导就在和大自然抢时间了。

那时我总当自己是纯粹的初中生,只是周末来玩玩帆船,所以从未把自己往竞技体育场上专业运动员的方面去想。然而苏导一上手,就把我们当成了职业运动员来看,先是把我们在国家体育总局系统中正式注册为帆船运动员,然后帮我们申请了政府发放的补助。他曾不止一次和我们说,虽然我们周一到周五都在上学,只有周末来训练,但这种模式其实国外的职业选手也在用,所以不能因为与传统运动队训练时间安排不同而否认我们自身专业运动员的身份,我们在青岛市帆船队训练,就是专业的帆船运动员。如果以后和外国人聊天,自信地带上一句"我从前是Sailor",那会很酷。苏导常常和我们讲一万小时定律,在2009年的时候,虽然我已进入帆船圈三年多了,但是实

青岛—下关友谊赛·下关

际在海上航行的时间远不够一万小时，所以在专业的这条路上，还有很长的路要走。

兴趣变为职业之后，内心的投入度会大有不相同。每一阶段的训练都会有一个训练主题，如此反复，螺旋前进。大部分的海上训练在夏季，每天从朝阳里坐公交车赶到奥帆中心，跑船一天，傍晚上岸，整理好器材，迎着夕阳从码头回到训练基地。换好衣服后，苏导便搬出小白板往基地门口的垃圾桶上一放，摆几只帆船模型在上面，拿起一只白板笔，开始总结训练：抓几个典型例子，从正面到反面总结今天训练；列几个典型原理，由理论向实践讲解驾驶技术；说几个故

苏导码头讲评

事，将抽象化具体让我们铭记于心……在总结完毕击掌过后，抬头一看，已是漫天星光。

为了提升竞技意识，苏导在每个月的最后几天都安排了十分正式和隆重的队内比赛。比赛当天，队员们一大早就来装备器材，设定战术。下海后，每个级别比四到五轮，然后上岸。在岸上除了常规的器材整理外，大家还一起作为仲裁委员会，聆听各类抗议事件，最终由裁判长判定处罚。而后就是颁奖典礼了，虽然我们没有讲台，但是宣读成绩和颁发奖品的环节一个都不少，整个流程下来，与官

第22届山东省运动会

方帆船赛别无二致。

在省运会的四个月前，青岛市头四所高中的直升招考在悄然进行着。青岛二中是青岛市最好的高中，从前两届夏令营都是在此地，因此我对于二中颇有感情，中考的目标一直是二中。而礼贤中学，青岛九中，是青岛市历史最悠久的学校，并且我的奶奶也从礼贤中学毕业，如果去九中，会像走上了某种家族传承，也很有趣。对我而言，在自己本初中的综合排名并没有十分靠前，所以在自己初中内部的直升名额竞争或许会相对更加激烈，九中在此时就是一个最保险的选择。在这举棋不定的节骨眼上，我给苏导拨去了电话。在此前的一段时间内，得知那年是我的中考年后，苏导不止一次地和我讲："宁做鸡头，不做凤尾。"在报志愿的前一天，苏导在电话里与我分享了他的经历和想法。思考了一晚之后，我终于决定报考青岛九中。后来我便十分顺利地通过了九中的直升选拔，越过了中考，在当年五月被青岛九中录取。难说后来的我没有想象过如果当初报考二中会怎么样，不过最终从青岛九中大门走出的我，是礼贤学子，我很骄傲，也很感恩。

就是这样，我从帆船运动进校园一路走上了职业运动员的道路，其间离不开所有人对我的帮助、支持和鼓励。那些冬夏流年，最终都汇入我的血液，刻入我的灵魂，帆船，已成了我的一段关键基因。海面上的叫喊、坡道上的指教、码头上的玩闹、堤岸上的相见与告别……它们就在这儿，挥之不去，在奥帆中心日新月异的建筑格局和流光溢彩的灯光秀里，它们默默守着那些年的春夏秋冬，永远存在，永远诉说。

克利伯环球帆船赛

2008 年 2 月 16 日，克利伯环球帆船赛在青岛登陆。这天的奥帆中心熙熙攘攘，我和刘明玥也挤在人群中翘首围观，每位船长上岸都会披上斗篷，带着他的船队到舞台上开香槟，有一位船长大概看到了我们几个小孩子在人群里，于是就把香槟正对着我们——"砰"！这些船是从新加坡来的，着陆青岛，下一个赛段跑夏威夷。我和刘明玥商量，努力练练帆船，等我们长大了，就可以参加这个比赛了。克利伯环球帆船赛每两年一次，是规模最大、最具影响力的环球航海赛事之一。我们还约定了明天一起来看"青岛"号登陆。

第二天，"青岛"号如期而至。八年后，刘明玥成功登上了"青岛"号。

2014 年时，第一次听到刘明玥在参加克利伯帆船赛"青岛"号的船员招募，我又惊又喜，整个选拔要求很高，除了丰富的帆船经验外，还需要强大的身体素质。刘明玥于 2013 年参加世界杯比赛，已经拿到了健将级运动员的称号，但帆船运动员要向航海运动员转型，仍需要通过重重考验。作为年龄最小的克利伯环球帆船赛的参赛者，无疑她会成为后来许多青年帆船运动员的榜样。

蓝色不了情

毕业后，我一直在体能训练和康复领域工作。队友们有的还在高校继续深造，有的毕业后走入了不同行业；有的队友创立了体能训练俱乐部，有的在海边帆船俱乐部带队员；有的队友去了省队和国家队，有的开始转为帆船助教或教练；有的队友开始了航海生涯，有的正随海运公司在四大洋上环球航行……帆船把我们相聚于这蓝色海湾，让我们结识了彼此人生中最重要的一群人，也带给了我们对生命与自由的永远的追逐和对身下这方大海的无限的眷怀。

漂泊的孩子总要回家相聚。就算是一出门就在海上日日夜夜地航行两三个月的人，回到青岛问起去哪里聚，想了想也还是说"去海边"。

就算看遍了全世界的风景，青岛的海依然是我们心中最美的风景，她是独一无二的。在外漂泊多年后，再回来面对这片海时，心中的感受已经无以言说。每个人身边环绕的都是无比寂静的沉默，而这沉默却非同寻常。因为我们听到，这片海，它在诉说，这每一滴海水，都化作一个音符，它们荡涤着奏起的，是我们心中这琴海的船歌。

许楠：1995 年出生，"帆船运动进校园"活动学生，国家一级运动员，美国体能训练协会认证体能训练师（CSCS）、特殊人群体能训练师（CSPS）；中国康复治疗师。捷克布拉格查理大学物理治疗硕士研究生，北京体育大学体能训练硕士研究生，北京体育大学运动康复学士。

扬帆未来 逐梦远方

胡晓宇

2008 年 11 月，还在上小学的我，有幸被学校里的帆船老师刘馨媛老师挑选去山东帆船队进行选拔训练。来到海边，我见到了队伍的主教练林松教练。下水前，他安排了一个哥哥教我帆船驾驶，第一次接触帆船运动让我倍感新奇。首次下水的我，熟悉得很快，第一天就能单独跑船，但不熟悉操作的我很快就翻船了。虽然是第一次翻船，但被扣在船底下的我不仅没有丝毫紧张和害怕，而且还觉得特别有意思。随着天气越来越冷，到了出发海南进行半年冬训的时间，这时恰巧需要挑选 4 名小运动员随大部队出发。小时候的我，性格偏男孩，又喜欢玩，没想到我也被选中，这让我非常开心。当时的我，对半年的时间并没有概念，对离开家、离开父母也不知道是怎样的心情，想得很简单，也不知道未来会怎样，只感觉不用学习，只想玩。很快，我经历了第一次坐飞机，第一次集体生活。我小时候性格太内向，不愿与他人交流，好在队里哥哥姐姐对我特别好，在各方面都很照顾我们，慢慢地我也适应了集体生活。海南特别美，每天在海里练习迎风顺风转向等技术动作，我越来越感觉因为年龄小，需要一些时间的磨炼，主要的任务仍在重点队员的身上。

时间过得很快，冬训结束回到家很多人问过我："你想家吗？"答案是肯定的。回到学校，刘老师又组织我们代表敦化路小学去参加"千帆竞发"青岛市帆船运动进校园开训仪式，岸上开幕后以一个表演形式的方式在海里竞赛。

"千帆竞发"青岛市"帆船运动
进校园"活动开训仪式

"千帆竞发"青岛市"帆船运动
进校园"活动开训仪式

渐渐地，我爱上了在队里的生活，一直到2011年，一场冠军赛随之而来，这场比赛是我验证这两年来训练的成果、证明自己能力的一

"千帆竞发"青岛市"帆船运动
进校园"活动开训仪式

场比赛，可能是运气好，也可能是我的努力得到了回报，我取得了人生中的第一个冠军，非常荣幸能通过帆船运动进校园这个平台，让我正式走上了职业运动员的道路，也让我的童年变得多姿多彩。

之后，一个偶然的机

会，我跟着青岛队一起去了法国。在那边，我有机会尝试到了不同的帆船级别。住在当地人的家里，语言不通就用手机翻译，这让本来内向的我，也开始慢慢地改变。一切的努力，都为了能在 2013 年的全运会站到最高领奖台。

为了提高我们的技术能力，比赛前，我们去了匈牙利，与国外的选手进行交流学习。从 2010 年 到 2013 年的几年间，我进步得很快。这期间，大大小小的比赛，让我累积了不少经验。

比赛获奖

终于迎来了四年一届的全运会，小时候不懂紧张和压力，更不知道拿第一名多么艰难，但我们同样用尽了全力。比赛最后一天，由于风大，我们一直在等待，直到下午 4 点，比赛才开始。虽然风力还是很大，但下到水里的我们依然全力以赴，最后冲过终点的时候，我们与对手一共 8 条船几乎同时冲过终点，但结果却不尽如人意，仅一分之差，我们与冠军失之交臂，屈居季军，我帆船生涯的第一阶段也正式宣告结束。

后来，因为年龄小，我一直在 OP 级帆船训练。直到 2015 年进入了激光雷迪尔级别，之后我开始跟随仁教练。由于帆和船都比较大，刚上手的时候很困难，风大时容易翻船，我的体能不好，经常自己正不起船。而且，在这个领域，更没人会去手把手教我如何操控，一切都要靠自己。通过在队里不断地磨炼，参加封闭式的训练，一场一场又一场的比赛，我在单人艇的领域开始慢慢站稳。但强大的对手，却一直像是个无法打破的瓶颈，我意识到，这跟我的训练年限有很大的关系。

后来 2017 年全运会正式到来，才训练两年的我，对这场比赛并没有很高的目标，更希望检验下自己的训练成果。因为种种原因，比赛前半程，

参加国外大赛

本应该有的位置我没有抓住，后半程就再也追赶不上，最终以两分之差排在第四名。看她们站在领奖台上，我的心里很不是滋味。从那之后，我的成绩越来越稳定，但却始终拿不到第一。在练单人艇的这四年里，我去过了新西兰世界青年帆船锦标赛，在 47 条船中排在第 14 位，这是我第一次感受到大赛的气息，想在全世界有所突破堪比登天，在青年选手里已经有很多能稳定第一集团的了，想要靠近她们还差很远很远的距离。我还去过西班牙比世界杯，比赛分为金银铜组，每个组别分为 60 人左右，能在世界比赛中达到金组也是很值得高兴的事情。去比赛的目的是能多学习收获一些国外优秀运动员的操作技术，感受大船群的氛围，增加经验，在国内是感受不到这么多的船一起比赛的。帆船项目在中国起源晚，跟国外相差比较大，这种大赛很少能有名列前茅的。在国外经历的这些为我的人生添加了一些光彩，颁奖典礼上大屏幕播放着所有人的照片，当看到我时，首先看的是中国国旗，能代表中国参赛是非常荣幸的一件事情。

山东帆船队49erFX级冠军

2019年，队里上了49er级新项目。教练决定让我尝试，一直待在舒适圈的我，一开始也是拒绝的，但经过一系列的思想斗争，我还是决定加入。这也许是一个突破口，或许我能在这个国内新起的项目中有所建树。高速艇双人操作这个级别在操作上难上加难，不仅要两人配合默契，更要高度集中注意力控制船的稳定性，船速快危险性也高，刚开始的三个月十分艰难，这个船形设计得相当不稳定，对身体速度灵敏性要求很高，船速很快细节很重要稍不留神就会翻船，想跑快了真不是件简单的事。九月份迎来了第一场比赛，我的预期是进入到前八名的，没想到整场比赛风都很小，这让我跟我的新搭档占据绝对优势，她的体重轻，小风天船速相对快些，再加上老天眷顾，最终拿到了山东帆船队49erFX级第一个双冠。这突如其来的惊喜让我感觉并不是名副其实的，因为我自己心里很清楚这枚奖牌不单单是靠技术取胜的，如果风力加大我们根本不可能是在这个位置上的，但是机会来了我抓

获得的比赛奖章等

住了，这让我在以后的训练中更加坚定了信心。

年底我们去了阿布扎比参加亚洲帆船锦标赛，本想去跟国外的选手们竞争学习，没想到没有人参加，只有两条中国女子队的船，这让我有些失落。经过时间的沉淀，我在不同阶段换了好多缭手，却始终没有找到一个可以长期磨合的，这让我在之后的所有比赛中都缺失了一点配合上的默契，直到现在临近全运会还在重新开始带一个从470级别转过来的缭手，全运会还有三个月的时间而我们只配合了两个月，不知道结果会怎样，但是最后的几个月一定会全力以赴，不让自己留下遗憾。已经训练12年的我现在当有人问起"你会想家吗？"我的回答是"习惯了。"在外面的时间太久，想家的心情也就淡淡地留在心里了。这些年所收获的荣誉跟奖牌都离不开最初学校开展"帆船运动进校园"这个活动，很感谢我的启蒙老师把我带到了这个领域，感谢启蒙教练把我带向更高的地方。

因为喜欢大海，这项运动不仅能让我在大海中无限畅游，更让我有不竭的前进动力，如果当时我没能有幸参加到这个大集体当中，我的人生中不会有这么多美好的回忆。生活就是奋斗和收获，人生是短暂的，无论做什么都要全力以赴。因为喜欢所以坚持！

胡晓宇：1999年出生，帆船运动进校园学员，山东省帆船队现役运动员。

擦亮"帆船之都"的金字招牌——
听教育体育人讲述
"帆船运动进校园"的那些事儿

卢雪梅

卢雪梅，青岛市市南区教育体育局副局长，多年负责市南区体育领域工作，全程参与青岛市"帆船运动进校园""奥运帆船赛事筹备""全民帆船普及"等重要活动，让我们来说说多年来全面推动"帆船运动进校园"乘风破浪那些背后的故事。

码头上的"娃娃帆船大军"，从陌生抗拒到无比热爱

说起帆船运动，大家第一时间想到的是在浩瀚的海洋中乘风破浪、扬帆远航。确实，帆船运动是一项需要和大自然进行默契配合的运动，借助风和水的力量，船手们与自然进行力量与智慧的"沟通"与"搏斗"，并在其中享受海上航行的无限乐趣。山东青岛有"帆船之都"的美称，拥有美丽的海湾和世界一流的帆船中心，2008年奥运会帆船比赛就在这里举行，这里也是国内组办国际帆船赛事最多的城市。作为中国北方城市，这里海水水质清澈、水域开阔、风速均匀，非常适合开展帆

船运动。

目前，青岛已是全球青少年 OP 级帆船运动的重要比赛和训练基地之一，每到夏天全球各地的青少年都会在这里学习和交流。与今天海上千帆竞发的繁荣景象相比，在十余年前我们大力开展"帆船运动进校园"活动的初期，遇到了学生和家长对帆船运动非常陌生和对航海的恐惧而参与度很低的困境。例如在 2005 年底，市南区教育体育局率先着手开展"帆船运动进校园"活动时，有些学校报名参与帆船运动的学生数甚至凑不齐 5 个人，当时在全国来说也没有帆船运动进校园的相关经验可以学习借鉴，只能结合实际问题找出一条适合自己的路子。针对遇到的种种困难，市南区在 2006 年率先启动"帆船之都，市南启航"项目，并通过五大措施全面破解当时的困局，真正让帆船这项运动在市南区的校园开始扎根下来。一是营造氛围浓，市南区的每所小学都在显要位置摆放着 OP 级帆船，每所学校建立了"帆船之都"文化长廊，用于摆放、展示学生自己收集、制作的各种照片、模型、知识等，形成了浓郁的奥帆校园文化。二是普及定位准，在全国首创了"帆船校本课程"的研发普及，按照低年级注重感知、中年级注重理解与实践、高年级注重积累与创造的渐进原则，使学生对帆船运动有了一个全方位的了解，对帆船文化的积淀愈发深厚。三是始终重视安全，在青少年培训中将安全作为首要任务，在陆上训练配备有安全保护带，在海上训练有教练乘坐快艇指导和保护。教育部门提前划定培训时间，设置课程，配备通过专业考核的青少年教练，同时避开高温时段，在训练中做好防暑措施，让孩子能够在轻松的培训强度下充分感受到帆船乐趣。四是目标起点高，全区 30 所小学全面启动了帆船知识、技能的普及教育活动，在一年时间里使奥运知识和帆船运动知识普及率达到 100%。五是推广力度大，成立"市南区星帆船队"，以"小船员"

逐年递增的模式推动经常参加帆船训练和活动的人数从当初的 150 人增长到全区学生总数的 10%，文登路小学、区实验小学、嘉峪关学校、银海学校成为青岛市第一批帆船特色学校。时任市委常委、副市长、奥帆委常务副主席臧爱民在谈到市南区"帆船运动进校园"时这样赞扬：市南区的"帆船运动进校园"已经成为宣传奥帆赛、普及青少年帆船运动的桥头堡和排头兵。

"区长杯""校长杯""全球赛"为学生扬帆提供宽广舞台

帆船运动是竞技项目，比赛是检验培训效果最有效的手段。在普及帆船教育的基础上，我们还注重对帆船后备人才的培养。自 2006 年以来市南区在全市率先成立首支青少年 OP 帆船队，在全国率先举办首届"区长杯"青少年帆船竞赛，培养了多名熟悉理论知识且实战经验丰富的小帆船手。随着帆船学员基数的不断扩大，2017 年在市南区文登路小学举办了首届"校长杯"帆船赛，这也开创了全国校级校园帆船比赛的先河，在开幕式上还邀请了"中国女子帆船环球航海第一人"宋坤担任文登帆船特色校名誉校长，极大地提升了校园帆船运动的专业水平。在扩大训练和比赛规模的过程中我们还遇到了一个棘手的问题，那就是费用问题。众所周知，帆船运动在我国仍然是一项小众贵族式运动，毕竟一艘帆船价格便宜的也要几万元，再加上后期的停泊费、维护保养费、托管费等一系列费用，总体算起来，一般中产家庭还真玩不起来。为了切实给热爱帆船的小船员们和其家庭解决后顾之忧，让学生们能够毫无顾虑地在海上驰骋，市南区积极整合、动员教育、体育、科研、帆船训练基地、造船企业等社会资源和技术力量，采用冠名、赞助、鼓励捐赠等多种形式，争取来一批船，举办了一系列赛事，例如省航校在初期一次性捐赠给我们 30 艘帆船，市体育局赠送 12 艘 OP 级帆船，国家企事业单位、帆船俱乐部等单位也是以冠名比赛、赞助捐赠、免费租用等形式，为全区 38 所中小学提供帆船保障，极大地满足了学生比赛、训练使用需求。有了良好的装备保障，孩子们在海上练得更加开心和刻苦，以前一帮孩子等一艘船轮流训练的现象不再出现，海面上是学生们你争我赶的认真的样子。通过系统专业的训练，市南区的青少年帆船选手可以说一直在全市处于领先水平，在历年的市青少年 OP 级帆船比赛中团体总分和单项冠军数稳居前列，22 所学校被命名为 2011—2015 年青岛市首批帆船特色学校，位居全市第一。"帆船运动进校园""理论进课堂""技能训练营""区长杯赛事"等多种"普及+特色"活动，为省市专业训练队输送了诸多帆船人才，培养出多名全国冠军，成为青岛市校园帆船运

2020 市南区"区长杯"中小学生帆船帆板比赛

"区长杯"帆板比赛

全民帆船赛

动的领航者。2008 年，中国帆船帆板运动协会、国家体育总局水上运动管理中心将全国唯一的"中国青少年帆船运动普及推广示范城市"的荣誉称号授予了青岛，以此表彰青岛在普及推广青少年帆船运动中所发挥的龙头作用。

帆船特色交流，打造全球青少年 OP 帆船赛事圣地

青岛是一座开放、有活力的城市，帆船是一项时尚的运动，两者结合在一起更能彰显出城市气质，更能孕育出帆船人大海一样的胸怀和品质。为了让更多的市民和青少年帆船运动爱好者领略到帆船运动

的魅力和给人们带来的快乐，在奥帆赛全面启动之前，市南区委、区政府从打造"帆船之都"战略构想的高度出发，积极拓展青少年帆船特色交流活动，大力推行"双千计划"，在全区中小学范围内积极开展了"帆船运动进校园"活动，使全区中小学生对奥运精神有了更深层次的了解，推进了"帆船之都，市南起航"工程不断向纵深发展。自 2007 年以来，世界最大规模的青少年帆船训练营——青岛国际青少年帆船训练营在青岛市南区扎根落户全面开营，从举办初期的"青岛—基尔青少年帆船训练营"两国交流活动到 2010 年真正意义上的"国际训练营"，每年都会有来自中国、德国、美国、新西兰、韩国、日本、马来西亚、缅甸、新加坡等国家的 400 名青少年来到青岛的海域迎风起航。帆船营通常采取封闭式训练方式，近百名富有经验的中外教练员，近百名裁判员、工作人员、志愿者、近千艘 OP 级帆船、32 艘激光级帆船、8 艘润龙级帆船和 20 台陆上帆船模拟训练器用于训练，近 40 艘救护船艇参与保障，使训练营活动获得了巨大的成功。"百百千"的训

帆船技能训练营

练规模也得到中外媒体的聚焦报道。

前国际 OP 帆船协会主席萨利女士、国际帆联副主席阿尔伯托、420 级别协会主席尼诺分别对训练营开营发来贺电。拥有丰富帆船赛事和训练经验的德国基尔市"帆船周"项目代表皮特·霍斯特先生对青岛青少年帆船营的规模和效果感到十分震惊，称赞青岛创造了世界帆船界的历史，创造了帆船训练史上的奇迹。截至目前，市南区也充分利用和传播奥帆精神，在推动中国青少年帆船运动可持续发展的同时，将"青岛青少年帆船营"打造成为全球青少年 OP 帆船运动交流平台，成为世界青少年 OP 帆船运动的一大圣地。

从"千帆竞发"到"全民航海"帆船世界始终聚焦在市南

为全力服务好 2008 年奥帆赛、残奥会帆船比赛，进一步擦亮"帆船之都"招牌，进而为奥运增光添彩，市南区作为奥帆中心的坐落地，以"千帆竞发"的壮观场面向全世界展示了青岛青少年帆船运动的训练成果和风采魅力。在 2008 年的 8 月奥帆赛、残奥会帆船比赛期间，市南区共有 700 余名小学生参与到全市"千帆竞发 2008"表演团、2008 奥帆赛、残奥会帆船比赛展示、表演活动中。1000 多只帆船在海上整齐排开，青岛奥帆中心首现"千帆竞发"的壮丽画卷，这也成为国内最大规模的帆船运动展示活动。"一旦成为奥运城市，就永远是奥运城市。"在全球媒体的集中关注报道下，青岛成功地打造出中国"帆船之都"的城市名片，市南区这座湾城美誉度和知名度大大提升。在帆船运动进校园的基础上，后奥帆时代的市南区又在全国首推了"帆船培训进机关、进家庭、进社区"活动，将"学帆船"纳入政府工程，实施成人及家庭免费培训计划，继中小学生之后在成人中培养了一批帆船运动的爱好者，通过"小手拉大手""孩子当老师"等亲子互动方式，开展"帆船家庭"推广活动，在全社会得到强烈的反响和好评。我们率先举办设有家庭组的全民健身帆船比赛，其中10组家庭已参加过全国性帆船比赛，"帆船合家欢""海上父子兵"成为市南区普及帆船运动的一道亮丽风景。体育、教育、旅游休闲紧密地结合在一起，实现了教育和休闲健身两个产业市场的相得益彰，进一步巩固提升"帆船之都"全民来航海的区域特色，这也是对区域体育产业改革的创新和实践，经验做法受到了社会各界媒体广泛关注，中央电视台、中国人民广播电台以及省、市主流媒体等，分别以各种形式进行了全方位的采访报道，全面展现出市南区打造"时尚、幸福的现代化国际城区"的靓丽风采。

卢雪梅：1972年出生，青岛市市南区教体局副局长。

向海而让梦想照进现实
——帆船运动走进青岛敦化路小学

刘馨媛

在青岛敦化路小学，有一个青岛市首家帆船教师工作室。走进这间工作室，一系列优秀帆船运动员的介绍琳琅满目：

胡晓宇 2019 年亚洲锦标赛 49erFX 级场地赛第二名；

支弘轩 2017 年第十三届全运会第二名；

赵焕城 2019 年全国青少年运动会激光级第一名；

……

一所普通小学，十几年间先后就有 30 余名在校或毕业学生进入省、市专业帆船队进行训练。其中，1 人获得亚洲级比赛第二名，6 人进入全国比赛前三名，10 余人获得省市级比赛前三名的专业优异成绩。这些成绩，

与获奖学生合影

只不过是青岛市自 2006 年开展"帆船运动进校园"活动，不断夯实帆船运动在青岛的群众基础所取得的众多成绩的一个缩影。

当然，这一切离不开上级领导的关心指导，也离不开学校领导的大力支持。作为这间工作室的主人、青岛市中小学校的首位专职帆船教师，我更能深切地感受和了解这一切的来之不易及其背后的艰辛。

结缘帆船运动，投入"进校园"活动

我 13 岁起就进入青岛市帆船帆板队进行专业的帆船训练，之后进入专业学校系统学习。毕业后我来到市北区，成为一名小学信息技术课程教师。2006 年夏天，我调入青岛敦化路小学，校领导考虑到我是学校唯一一个比较全面了解掌握帆船运动相关知识的老师，便建议我转行。就这样，我于 2006 年在学校支持下开设了帆船课程，有幸成为青岛市中小学第一位专职帆船教师，并成为"帆船运动进校园"活动的拓荒者和见证人之一。

当时随着奥帆赛脚步的不断临近，青岛市委市政府和社会各界对帆船运动的重视与关注热度也愈来愈高。就在 2006 年，青岛市体育总会联合体育局、教育局等部门发文，决定在全市大中小学校开展"千帆竞发 2008"活动。此活动作为北京奥运会帆船帆板赛事的造势活动，也是青岛市借助奥帆东风打造"帆船之都"城市品牌的基础工程，由市政府批准，以在全市建立 40 所帆船特色学校为阶段性目标的青少年帆船运动推广普及活动"帆船运动进校园"，正式拉开帷幕。

第一批帆船特色学校并没有敦化路小学，尽管当时我们是全市最早开设帆船课程的学校。后来有领导了解到我在敦化路小学，并且是全市中小学教授帆船帆板课程的第一位专职教师，便专门到我们学校调研并观看了公开课，之后第二批便决定将敦化路小学列为帆船特色学校。

正式挂牌后，我校获得了青岛市2007帆船夏令营12个宝贵的名额，这对我和喜欢帆船的孩子们来说，幸福来得太突然。一年来一直"纸上谈兵"的孩子们，终于见到了真正的帆船，终于将平日所学应用到了实际操作，真正体会到自己驾驶帆船畅游大海的乐趣。那一年，敦化路小学五年级的张璐同学取得了第一届帆船夏令营比赛的女子组第一名。

2011年，敦化路小学成为青岛市帆船运动特色学校

传授帆船知识，打造精品课程

由于我们是青岛市中小学教授帆船课程方面最早"吃螃蟹"的学校，而我也是全市首位特色课专职教师，所以开课之初，无章可循、无经验可鉴。但这一切难不倒我们，没有教材就自己编，没有教具就自己做，遇到自己解决不了的难题，就向这方面的"大咖"专家请教。记得当时，

我在教材编写过程中遇到一些自己不明白的问题，幸好得到了青岛市帆船队总教练苏里老师的热心点拨。在具体工作中则注重集思广益，由校领导牵头组织课题攻关，对教材和课程反复打磨。

经过近一年的帆船基础普及学习，学生们表现出异于其他课程的高涨热情，学校日常教学工作也因为"帆船运动进校园"活动的开展，找到了新的特色品牌建设切入点；敦化路小学很快形成了独具特色的帆船教育特色品牌，也给学生打开了一个新的窗口。

自 2006 年开始，敦化路小学便将"帆船"知识列为学校校本课程，通过课堂教学主渠道普及帆船知识。

敦化路小学地处市北区新老城区结合部，距离海岸有一定距离，且 45% 的学生是新市民子女，从开展帆船实践的角度讲，条件并不算好。为了让学生全面系统地了解帆船知识，学校以市体育总会下发的《帆船培训教材》为蓝本，按低、中、高三个学段编写、研发了《走近帆船》教材。教材按学段进行了内容上的分配：低年级开始"感悟帆船知识"；中年级侧重"认知帆船结构"；高年级着重"了解帆船赛事"，各学段彼此递进、循序教学。此套教材成书后，得到专家和主管部门好评，并作为我市第一套帆船

在课堂上讲授帆船知识

校本教材于 2011 年 6 月被青岛市奥帆博物馆收藏。

为使帆船知识的普及真正落到实处，我们在各年级开设了帆船课程，利用帆船模拟器、OP 小超人教学动画片等资源进行教学，帆船知识的普及率达到 100%。学校还将帆船知识的普及与各学科教学进行整合，通过综合实践、体育、美术等课堂教学进行生动形象的帆船知识普及。

经过多年的积淀，学校的帆船课程于 2010 年被评为市北区百门优秀学校课程。2011 年和 2014 年，该课程又两次被评为市北区十门示范学校课程。2017 年 9 月，学校帆船课程再一次入选青岛市精品课程。我也多次在市、区现场会执教帆船公开课，受到与会专家和老师的好评，并连续多年获得"青岛市帆船运动进校园活动突出贡献先进个人"称号、市北区政府授予的"振兴市北优秀教练员"等多个奖项。

不断探索创新，拓展实践领域

前面说过，敦化路小学距离海岸前后都有一定距离，学生对帆船的认知接受能力与兄弟区学校学生存在客观差距。为了解决这些问题，教学实践中必须推动校内外实践相结合，不断拓展学生的实践领域、帮助他们更好地将知识

学生们表演帆船手势操

转化为技能。

我在工作中勤于动脑，并将过去所学帆船知识和当计算机老师时掌握的技能，与当下帆船知识教学和"帆船运动进校园"活动紧密结合，研发创编了三种行之有效的实践活动，即"一操一卡一棋"。

"一操"即"帆船手势操"。通过这套手势操，有效地帮助小学生直观形象地理解、把握较为复杂的帆船操作动作，并在大课间活动时进行推广操练，普及率达到了100%。在青岛市第二届体育大会颁奖仪式和市青少年帆船知识电视竞赛上，敦化路小学进行了帆船手势操表演，受到好评。

"一卡"是"OP级帆船纸折卡"。我在教学和培训活动中，通过手把手地教授孩子们用纸折叠帆船模型，带领他们更好地了解OP级帆船的构造，培养学生的动手与合作能力。

"一棋"为"帆船游戏棋"。就是以帆船赛事的航线为路线，通过游戏的方式，帮助孩子

校外人员观摩"帆船游戏棋"

们了解掌握帆船竞赛的一些规则和相关知识。随着实践活动的普及和帆船赛事的增多，2011年学校又对棋盘做了进一步的改进，将原本固定的问题设计改为可随时更换问题的活动粘贴磁板，扩大了帆船知识的容量，使得这套游戏棋更具创造性、实效性和趣味性。

　　"三个一"实践活动的开发，更好地引发了孩子们学习帆船知识的兴趣，有效普及了帆船知识，大大推进了"帆船运动进校园"活动的进行。

　　在此基础上，学校又把开展帆船实践活动与科技教育有效结合，以"以帆船之约，擎科技之旗"为主题，进一步开展帆船科普活动。通过"四位一体"的形式，即说（创编小品进行表演）、演（创编手势操进行表演）、做（制作各种帆船模型）、赛（创编游戏棋进行不同层面的比赛）等形式展示出来，进行科技教育和帆船知识的普及深化。该活动参加了第24届青岛市和山东省的科技创新大赛，在青岛市2012年帆船运动进校园工作会做了报告，同年获得山东省青少年科技创新大赛青少年科技实践活动一等奖。

　　新一轮"帆船运动进校园"活动五年规划实施后，我们学校又不断创新帆船文化，在全市帆船特色学校中首设"帆船节"。2011年6月14日，学校首届"帆船节"活动隆重开启。市体育总会、市帆管中心和市教育局的领导出席了启动仪式。融合全校学生、家长、教师

敦化路小学首届"帆船节"启动仪式

2013—2014克利伯环球帆船赛青岛站船员进学校文化交流活动

智慧的学校帆船节节徽，选用蓝色的海洋作为主色调，黄色和橙色的船帆与深蓝色的海浪既勾勒出了帆船劈波斩浪的姿态，又代表了"敦化"的首字母"DH"，寓意敦化路小学的全体师生携手扬帆，奔向辉煌的明天。同学们还用平日所学进行了智慧与技巧的展示："炫彩绳结""巧手比拼""我心中的帆船"主题绘画，帆船拼装展示、模拟训练……精彩的活动让人目不暇接，流连忘返。仪式上，市体育总会林志伟主席作了热情洋溢的讲话，希望敦化路小学继续发挥好帆船特色学校的阵地作用，不断创造出更加辉煌的成果。

此后，帆船节活动每年举行一次。2014年春天，结合2013—2014克利伯环球帆船赛青岛站船员进学校文化交流活动，学校举办了第四届帆船节。克利伯英方组委会成员，克利伯12支船队船长、船员，英国海事青年团成员，青岛市有关领导，克利伯中方组委会领导参加了活动。活动还邀请了本届克利伯"青岛"号全程船员宋坤与同学们一起分享了基本的帆船知识和经历。"帆船节"的设立成为彰显学校帆船特色品牌建设的又一张魅力名片。

我校学生与国际友人交流互动

多方倾情聚力，喜看幼苗成长

学校注重发挥环境的育人功能，努力营造帆船氛围。二楼走廊设立了帆船知识长廊；各班设立了主题鲜明的"帆船角"；教学楼的围墙上悬挂了帆船赛的"竞赛信号"，努力营造帆船氛围。

学校坚持世界眼光，注意把帆船活动向校外拓展，通过卓有成效的特色活动，拓宽学生的国际视野，培养具有国际视野的青少年帆船人才。近年来，学校多次组织学生与来青的国际友人进行交流互动。残奥帆赛、克利伯环球帆船赛青岛站、沃尔沃环球帆船赛青岛站、国际极限40帆船系列赛青岛站等重大国际帆船赛事中，均留下了我校学生与国际友人交流互动的身影。

继续奋勇扬帆 驶向远方彼岸

作为"帆船运动进校园"的开拓者与见证者之一，十余年的帆船工作经历，让我有幸见证了一批又一批的运动员走出校门、走出国门。"帆船运动进校园"活动的开展，真正地为打造"帆船之都"奠定了坚实的基础，为城市名片增添了一抹绚丽的色彩。

让我们继续扬帆远航，驰骋于碧海蓝天之间，奔赴远方海岸。

刘馨媛： 1981 年出生，北京体育大学学士，现任青岛市敦化路小学体育教师。2006 年，成为青岛市中小学首位专职帆船教师，青岛市首家帆船教师工作室负责人，帆船运动进校园教材编委成员。她自主研发创编了三种行之有效的帆船实践活动——"一操一卡一棋"，被评为"青岛市帆船运动进校园活动突出贡献先进个人""振兴市北优秀教练员"。

海上扬帆
——最闪亮的城市名片

王海燕

2006 年 5 月，青岛市开展"帆船运动进校园"活动，当时我在银海学校任教。银海学校有幸成为首批帆船特色学校之一。在各方面的支持下，学校成立了青岛市首支 OP 级帆船队，并在银海大世界举行了起航活动。在同年举行的"华航杯"帆船比赛中，学校获得了第一名。我带领学生参加了各级各类的帆船活动，2007 年和 2008 年，银海学校的帆船队在市级比赛中成绩优异，比赛均获得团体的第一名。

青岛银海学校 OP 级帆船队成立暨开幕仪式

帆船小队员列队在开幕仪式上

银海学校 OP 级帆船拆装挑战赛

2011 年，我被调到文登路小学任教，分管帆船运动。

这所以海文化著称的校园，星光熠熠的校园帆船队，在劈波逐浪中闪耀成长，定格了一道专属版的青春风景线。

2014 年青岛国际 OP 级帆船夏令营国内营男子乙组冠军；2014 年"市长杯"青岛市帆船赛 OP 级小学男子乙组冠军；2015 年市南区"区长杯"冠军；2016 年"市长杯"第一名；2018 年"市长杯"第一名；2019 年青岛市帆船知识竞赛第一名……翻开文登路小学校园帆船队员们的获奖履历，你会发现揽誉无数的背后，大海与帆船的交响已成为他们独一无二的成长经历，这群热衷于海上驰骋的校园明星已然成为学校代言人。回顾曾经的拼搏努力，帆船运动使他们拥有了勇敢、坚毅、宽容、乐观的心态，而那些与帆船一起的日子，便是成长的最佳打开方式。

"海上战队"刷新成长纪录

纪栋晨曾获得过2015年市南区"区长杯"OP级帆船赛小学男子组的冠军，这个言语不多的男孩有着不凡的帆船成绩：2014年青岛国际OP级帆船夏令营男子乙组冠军、2014年"市长杯"帆船赛OP级小学男子乙组冠军、2015年全国帆船俱乐部联赛青岛站OP级男子乙组亚军……进入"梦之帆"学校帆船队后，这个颇有天赋的男孩不断刷新着自己的纪录。培训中的纪栋晨不仅认真听讲，还懂得及时记录要点，

事后反复练习，这也是他能够不断取得佳绩的原因之一。

学校帆船队是个专业素质很强、有着良好传承的团队。王泽宇在二年级暑假时就加入了学校帆船队。在队

帆船队队员合影

里，一些日常的训练，都由他的训练经验丰富的学长协助展开。王泽宇四年级时就跟当时的学长温家梁学会了拉船、冲船、绳结等基本技能。四年级的于善豪当时是队里年龄最小的队员，参训时间不长，但初战告捷，在2015年青岛国际OP级帆船夏令营中夺得了第8名的好成绩。

在 2013 年和 2014 年，校帆船队这支"海上战队"连续蝉联"市长杯"帆船帆板比赛小学组团体冠军，不断刷新着团队的成长纪录。

帆船是最棒的成长礼物

学校有专门的帆船运动校本教材，还经常通过各种活动普及帆船运动知识。这些都让孩子们对帆船有了全新的认识，并产生了想挑战一下帆船驾驶的想法。带着兴趣和对自我的挑战，尹嘉欣就在 2014 年通过专业的达标测试，顺利成了帆船队的一员。

经过日常的专业培训，帆船运动正慢慢改变并锻造着孩子们的个性和品格。训练一般是在暑假和周末进行，尤其是暑假，海上阳光暴烈，孩子们常常坚持每天练习 4 小时，期间没有人中途放弃。在这个过程中，孩子们变得坚毅，变得勇敢。初学帆船须进行正船练习，首先需要故意翻船，整个人栽进水里，然后浮出水面进行正船。训练是艰苦的，但校帆船队的成员里没人产生过退出的想法。在海上乘风破浪的感觉，让孩子们特别洒脱、自由，心胸也跟着开阔起来。勇敢、坚强、乐观，是帆船带给孩子们的收获。每一次进步、每一次克服困难，对孩子们都是巨大的鼓舞。在这群孩子的心里，帆船注定成为他们不可替代的成长模式。作为这一切的见证者，我深感欣慰。

校园"梦之帆"快乐起航

2019 年 9 月 12 日，青岛文登路小学"碧海扬帆"第三届"校长杯"帆船赛暨帆船友好邀请赛在美丽的汇泉湾畔隆重开幕。"校长杯"帆船赛暨友好邀请赛，将"大海、帆船"元素融入渗透到学校各方面；以"以海育人、以海健体"为主旨，深入贯彻落实国家"阳光体育，

宋坤热情洋溢地发表讲话

强身健体"的要求,进一步落实青岛市"十个一"项目,推动市南区校园帆船运动的发展。邀请赛在提高学校帆船运动员竞技水平的同时,也为备战"区长杯""市长杯"帆船赛提供了很好的演练舞台。

开幕式邀请了来自市区及共建单位的领导们,帆船队员们进行学校自编帆船操和海上帆船演练展示。中国女子帆船环球第一人、文登帆船特色校名誉校长宋坤第二次参加开幕式,在开幕式上发表了热情洋溢的讲话,为全体同学赠送了礼物——她自己的首部新书《不为彼岸只为海》和自闭儿童手绘防晒面巾,号召同学们要积极阳光健康地生活,为实现自己的目标努力奋斗!

帆船运动在青岛可谓天时、地利、人和,海边长大的孩子有着得天独厚的优势,认知、参与这项充满力量和挑战的运动。在帆船运动和帆船教育文化的普及推广过程中,孩子们开阔了视野,塑造了品格,学会重新审视并理解人与自然的关系,这些都是孩子们难得的成长财富,希望随着"帆船运动进校园"活动的持续深入开展,帆船可以成为孩子们专属的成长名片。作为首批"帆船运动进校园"活动特色学校，文登路小学借助地理优势，通过丰富多彩的活动，全力推进"帆船运动进校园"工作。学校创设了独特的帆船特色校园文化，营造了浓厚的帆船教育氛围，激发了广大学生对帆船运动的兴趣爱好；组织教师编写了帆船运动校本教材，将帆船运动与体育课有机结合，全员普及了帆船知识；成立"梦之帆"学校帆船队，把课堂延伸至校外，把知识转化为技能；争取市区相关部门支持，引入国际大型赛事参赛船员走进学校，开展面对面交流活动，拓宽了师生的视野，丰富了见识。2015 年 8 月，青岛奥帆城市发展促进会、青岛市帆船帆板（艇）运动协会、青岛市帆船运动管理中心对 2008 年北京奥运会青岛帆船赛以来，对青岛市奥运传承和帆船运动事业发展起到积极推动作用的学校、个人等进行评选表彰，文登路小学喜获"最佳帆船普及学校"殊荣。

王海燕：1974 年出生，青岛市文登路小学体育教师，带领学校帆船队屡获佳绩。

爱大海、爱帆船、爱教育、爱学生
——在爱的路上砥砺前行

刘雪慧

参与"帆船运动进校园"活动

我是青岛北仲路第二小学的体育教师，已经在教育工作岗位上工作了 31 年，一直承担一至六年级的体育循环教学并且担任体育教研组长。我热爱帆船工作，获得过"青岛市体育先进工作者""青岛市优秀教师"等称号。我不但能熟练掌握帆船技能，还培养出了许多优秀的帆船人才。

从 2006 到 2021 年，我已经连续 15 年参与了"帆船运动进校园"活动。在这期间，我从没有请过一天假，信心百倍，干劲十足。我从负责学校的帆船工作和帆船队训练，到配合市北区教体局领导带领市北区帆船夏令营，再到参与"千帆竞发"

在甲板上

大型帆船表演，以及组织运动员比赛等各项活动。2008 年，我带队参加了青岛市电视台举办的帆船知识竞答赛并获奖。

带队参加青少年帆船知识电视大赛　　带队参加 2012 "双星杯"
青岛国际 OP 级帆船营

　　每年，我都会接到上级任务，组织带领学生参观奥帆中心；参观克利伯大帆船，和学生一起赠送外国友人礼物；参观奥帆科普教育基地；参观奥帆展厅；举办奥帆主题班会讲座；举办校园展览、演讲等活动。这可以让学生体验和学习奥运知识，从而达到帆船知识进校园的目的，并且效果显著。我积极组织开展"帆船运动进校园"活动，包括青岛市帆船夏令营以及青岛市组织的各项帆船赛事，使学生的奥帆知识和帆船运动知识普及率达到 100%。

帆船夏令营的"苦"与"乐"

　　每年夏天，我都配合青岛市帆船夏令营领导刘昕煜，做好后勤工作，包括夏令营里所有孩子的报到、保险、氛围的营造、餐厅的饮食、训练的安全、秩序的维持、比赛的营养供给等各项工作。在帆船训练营里，我不但管理好学校的学生，还积极做好领导交给的各项工作。我在青少年帆船普及、帆船科研、帆船教学、服务保障、对外联络、新闻宣传等方面取得了突出业绩。

每年为期 8 天的帆船夏令营，我都作为市北区帆船教练员，与其他老师一起配合领导尽职尽责地开展工作。在训练期间，我和其他学校的教师一起进行多次大型帆船表演、展示活动，得到了市领导的一致好评。我带领的学生全部拿到了二级帆船运动员证书，并有多名学生获得了"优秀学员"称号，更有多名学生在青岛市的帆船比赛中获奖。我多次圆满完成了青岛市帆船夏令营的帆船训练工作，因此，还被授予了"青岛市优秀教练员"称号。

在帆船夏令营训练期间，15 个孩子白天坐大巴车到奥帆基地进行训练，我就手把手地教孩子从打绳结开始，一直到学习帆船整理的全过程，然后要把每个孩子的帆船推离岸边；孩子在海上练习的时候，要随时指挥孩子推舵、拉舵、转身、注意方向；练习结束后，还要把船都拖上岸，摆放整齐，套上船罩。我们晚上住在二中，条件很艰苦，高温天气，宿舍潮湿，衣服也是潮湿。我每天会领着孩子去浴室，帮每个孩子洗漱。每天回到宿舍后，我会总结经验，吸取教训，记录感悟，同时还要做思想工作。记得曾有一个孩子想妈妈，我就和孩子们一起想办法，我们一起做游戏，然后去逛遍了二中的每一处美景，孩子渐渐开心了起来，我也松了一口气。我们团结友爱，仿佛一家人。电风扇整宿整宿地开着，孩子、教练的痱子一片一片的，脸是乌黑乌黑的，皮肤被晒爆了一层又一层。但是，夏令营的生活丰富多彩，深受学生喜爱。每天都有不同的项目，让孩子们很期待，比如：开幕式帆船展演；帆船理论、技术学习；海上自由驰骋；帆船博物馆参观；参加《和明星面对面》，在青岛电视台主持人的引导下与帆船名人面对面地进行对话、交流，加深了孩子们对帆船的热爱，对孩子们今后走上帆船之路起到了潜移默化的影响。他们现在在全国的各大帆船专业以及帆船非专业领域为帆船事业积极做贡献。参加帆船专业比赛让孩子们开阔了眼界，提高了自身素质，更趋于专业化。参观海底世界，更是让孩子们激动不已，各种鱼类色彩斑斓、各色珊瑚翩翩起舞。通过与海洋生物的亲密接触，孩子们更想去探索大海的奥秘。在最后一天的颁奖晚会上，有专业演员的精彩表演，还有各个代表队各具特色的汇报演出，都令孩子们欣喜不已。每次夏令营结束后，家长们都感受到孩子们成长了许多：自己洗衣服，自己的事情自己做。家长们都说夏令营办得好，对此都大加赞扬，鼎力支持。

传承帆船精神

2006 年，我刚开始带领学生参加帆船夏令营培训的时候，儿子刚上二年级。在帆船训练营期间，他认真学习理论知识，认真听教练员讲课，认真实践和操作，团结同学，不懂就问。特别是在海上驾驶帆船训练时，他胆大心细，认真把教练所教用于实践。海上训练很辛苦，他顶着炎炎烈日，脸上被晒爆了一层层的皮，手上也磨破了，后来又生成了茧子。船翻了一次又一次，但他不气馁，不退缩，即使感冒了，发着高烧，依然坚持，并在青岛市帆船帆板比赛中获得了长距离第三名的好成绩。在平常的训练中，他也努力拼搏，连获佳绩，多次被评为"优秀学员"，获得"帆船一级运动员"称号。他也由一名小小的帆船运动员，逐渐成长为一名市北区的帆船运动员小队长。在帆船夏令营期间，他不但协助教练员照顾好同学的衣食住行，还帮助新队员整理船只，从打绳结开始，一直到帆船整理的全过程，帮每个同学都检查一遍，使每个同学都能够顺利地在大海上展示自己的才能，真正成了老师的好帮手、同学们的好朋友。他还参加了青岛市电视台举办的帆船知识大奖赛，获得了第三名的好成绩。后来，他以运动员、教练员、志愿者、指导员等各种身份积极服务于帆船事业。

"引进来"和"走出去"

我们积极配合青岛市"帆船运动进校园"活动的开展，坚持"引进来"和"走出去"相结合，"引进来"就是引进资深帆船讲师给学生讲解帆船理论；"走出去"就是积极组织孩子们参加各项帆船赛事、

帆船展览和活动等，激发孩子对帆船运动的热情。这对帆船运动的普及和发展起到积极作用。

红瓦绿树，碧海蓝天，白帆点点。我们这些热爱帆船和教育事业的帆船人会继续努力协作，共同为美丽的青岛添姿加彩，共创美好未来。

"帆船运动进校园"学生理论培训课

刘雪慧：1970年出生，青岛市北仲路第二小学体育教师，工作30余年，负责一至六年级的体育循环教学并且担任体育教研组长，连续多年参与帆船夏令营工作；获得过"青岛市体育先进工作者""青岛市优秀教师"等称号。

我参与编写"帆船运动进校园"活动系列教材的那些事

邱岩萍

2012年12月21日，青岛市"帆船运动进校园"活动系列教材通过评审。这套教材是由青岛市体育总会、青岛市教育局组织教育系统的一线教师和帆船运动进校园专家组30多位专家，历时两年，根据不同年级学生的水平和特点，经过十余次讨论编写出版的《青岛市帆船运动进校园活动基础教材——帆船》。当时我作为市北区教体局体卫艺科的工作人员，有幸参与了这套教材的整个编写过程，为青岛市打造"帆船之都"尽了一份微薄之力。

参与编写教材 助力青岛打造"帆船之都"

在我接到这个任务后，我就和其他同志们充分认识到编写帆船教材的重要意义，"帆船运动进校园"活动系列教材的编写是青岛市打造"帆船之都"建设的重要基础工程之一，是培训青少年帆船人才的重要工具，为实现市委、市政府提出的打造"帆船之都"的战略构想，推动青少年帆船运动的长效发展奠定了坚实基础。

我们在编写教材的整个过程中充满了自豪感，这是因为这套教材在全国范围内具有首创性，填补了国内没有中小学帆船运动教材的空白，能够为提高整个国家的帆船运动水平起到积极作用，使青岛市的帆船运动理论建设走在了全国的前列，真正发挥了青岛作为"帆船之都"的示范和带头作用。

更让我们开心的是，这套教材的成功编写为青岛市帆船运动知识在学校中的普及率达到100%提供了坚实的保障，保证了青岛市"帆船运动进校园"活动迈入科学化、规范化、标准化和制度化建设的轨道，为实现青岛市把帆船运动知识教育纳入帆船特色学校教学课程提供了现实可能性。

分学段编写教材

在编写这套教材的两年时间里，让我印象最为深刻的就是每次大家集中到一起开会都能开拓出很多新的思路，从而为这套教材中的小学部分顺利完成打下了坚实的基础。

教材根据五个水平进行编写，相对应的学习阶段分别是小学 1～2 年级（水平一）、小学 3～4 年级（水平二）、小学 5～6 年级（水平三）、初中 1～3 年级（水平四）、高中 1～3 年级以及高中帆船特长生（水平五）。这既考虑到学生的身心发展特征，又考虑到各个学段的特点和学习内容的衔接，有利于学校有针对性地、系统地开展帆船运动教学和训练。

水平一教材共分为十节课，分别介绍了帆船的安全知识、帆船起源、认识帆船、帆船分类、中国帆船运动员、青岛的帆船比赛、帆船绳结、帆船比赛场地和美丽的奥帆中心。该册主要以引起学生对帆船运动的兴趣，对帆船运动具有一个整体的宏观上的感性认识为主要目的。

水平二教材分为十节课，分别介绍了帆船运动安全、爱护海洋环境、青岛的本土赛事、"帆船运动进校园"活动、OP级帆船、如何下水航行、如何靠岸与离岸、如何应对帆船倾覆和怎样应对无风天气等方面的知识。本册前半部分以知识介绍为主，后半部分以简单的OP级帆船技能学习为主。这种安排贯彻了一年级到三年级学生以了解帆船知识为主要导向，四年级学生开始以简单的帆船技能学习和初步的实践练习为主要导向。

水平三教材分为十节课，分别介绍了帆船运动安全和帆船的维护与保养、OP级帆船的组装、迎风和顺风航行、帆船基本技术和基本规则、帆船竞赛信号与航线、2008年奥帆赛、帆船意外情况处理和悦浪级帆船。该册内容以实践学习为主，引导学生以加强水上技能练习为主要目的，提高学生的帆船运动技术水平。

邱岩萍：1973年出生，青岛市市北区教体局体卫艺科科长。

帆船走进大学

许冠忠

申奥成功以后，我开始接触帆船。大约在 2006 年，奥帆赛决定在青岛举办。青岛市，包括学校里的一些有识之士，认为中国海洋大学作为一个具有海洋特色的学校，可以借助奥帆赛的东风，培养我国的帆船运动员。

帆船运动进校园

帆船运动员在海上航行，就要靠风，借助风浪流，而这类学科是中国海洋大学的强势学科，专业排名位列全国大学之首。而帆船运动员想提高成绩，不仅仅需要充沛的体能，还需要实战经验。同等重要的是，还需要具备扎实的风浪流方面的相关知识，这样才能够利用风浪流来驾驶帆船，进而取得胜利。

基于此，我校积极地向教育部申办开设体育运动训练专业。

当时体育运动训练专业在全国已经停止审批。为此，中国海洋大学组织了一批相关人员到国家体育总局，表明奥帆赛将在青岛举行以及我校具备的学科优势，想以此为契机，为国家培养帆船运动人才。

经国家体育总局综合评估后，认为我校相较其他院校来说，更加具备申办运动训练专业的优势条件，最终这个专业获得审批通过。

2004 年，通过单独招生，我校招收了第一批学生，他们大部分都是来自山东帆船队的等级运动员。

我校灵活采用多种形式的上课方式，有时校内授课，有时送课上门。经过专业的学科知识熏染，特别是风浪流方面的专业知识，我们的运动员学习效果颇佳。

后来，我校联合青岛市携手打造"帆船之都"。与此同时，我们还开展了帆船运动进校园的相关活动，将二者有机结合起来以后，我们逐渐把运动等级放宽到市级比赛第一名。在青岛市的帆船比赛中，不管是"市长杯"比赛，还是中小学帆船周，凡是第一名获得者都有资格报考我校。那么，这样就使帆船运动进校园与报考我校有机地结合起来了。

这是中国海洋大学在这方面做的一个主要工作，因为我们学校始终秉持的是要促进国家的社会经济发展，特别是将当地的社会经济发展与文化建设结合起来，服务于当地，服务于国家。

奋力拼搏终获参赛资格

后来奥帆赛申办成功以后，国家提出奥运会的帆船项目要全面参赛。因此，我国借助东道主的优势，可以不用参加全世界的比赛，就可直接参加奥帆赛。

当时国家正在寻找可以承办奥帆赛的地方，而实际情况是，各个省市基本都没有参加这个项目的积极性，因为他们主要是参与全运会。因此，这样的项目没有地方来承办。我校接到消息之后，主动向国家体育总局水上管理中心申请承接了这个项目。

接下来，由我校和福建省体育局两个单位组建起的两支队伍进行最终的角逐，胜出队伍将作为代表参加奥运会的49人比赛。很荣幸的是，经过在法国、澳大利亚以及青岛的几场比赛，最终我校胜出，获得代表国家参赛的资格。

回顾我校获取参赛资格的过程可谓是克服重重困难。由于福建省队是由台商资助，由省级帆船队来承接这个项目。而我们学校自己出资，在资金硬件、训练条件、装备等方面都远远落后于福建省队。在条件悬殊的情况下，最终依然能获得奥帆赛的入场券，这得益于我校掌握的风浪流方面的专业知识，以及如何利用风浪流进行实战训练。这也开创了中国海洋大学代表国家参加奥运会的先河。

为此，我校还编写了一本名为《中国海洋大学体育工作奥运专刊》的小册子，图文并茂地展现了参赛期间学生和领导的相关活动，以及我校科研部门在奥运会参与的一些工作。

中国海洋大学与奥运会的历史渊源

1936年，中国出征奥运会的训练场地就是在中国海洋大学的鱼山校区，刘长春就曾在那里接受过训练。

2008年，中国海洋大学再次与奥林匹克运动会相拥。我校学生代表国家出战，可谓是"彰显特色科技，弘扬奥运精神，尽展精英风采"。

我校院士曾传递过奥运火炬，我们有激光雷达测试风流的科研成果，我们的运动员有很多，包括张娟娟都是我们2004年招来的学生，获得过冠军。

还有一大批学生参加了各级各类的各项目的比赛，中国海洋大学的体育工作彰显了一个重点大学的实力地位。

总之，中国海洋大学与海上运动真正结缘于 2008 年奥帆赛。奥运会结束后，我们的工作重点是开设帆船运动的课程，包括编写课程教材。

许冠忠：1957 年出生，中国海洋大学体育系教授，参与开设大学帆船运动课程，编写课程教材。

我与帆船相约

常晓峰

我来自中国海洋大学体育系海上研究室，目前是我们系的副教授、硕士生导师、博士。在许主任的带领下，我很荣幸作为体能教练参与了 2008 年奥运会。

帆船教学工作

奥运会结束以后，在学校以及体育总会林主席的大力号召下，我校率先开设了帆船课程。林主席为此还资助了我校 4 条激光级的船只。令我印象深刻的是，学生选课的热情非常高涨。与此同时，我们的课程也得到了青岛市的大力支持。校外的教练员也积极参与到训练指导中来，实现

与林主席合影

了对学生的一对一训练指导，使我校学生真正感受到了帆船运动的魅力。

我校自2008年开设此课程以来，训练使用的船型也从原来的小帆船逐步过渡到大帆船以及三体帆船。

由于当时还没有专业配套的帆船课程教材，于是我们系联合了其他海上运动专家共同编写了第一本帆船专业教材——《帆船运动基础教程》，此教材后来也被其他高校选作教材使用。后来，我们还编写了《帆船比赛组织与实施》，这样一来，帆船专业的配套教材就更系统化了。

帆船科研工作

许主任一直非常注重教学与科研。为此，我校专门成立了一个海上研究室，里面有感受风浪流的模拟器，还有林主席资助的两条 OP 级帆船模拟器。如此一来，即使在风雨天气恶劣的情况下，孩子们也可以在室内体验帆船这项运动。另外，我还可以给孩子们讲述帆船的结构构造以及帆船的一些规则。

如今，我校的训练队伍也在逐渐强大，每年会招生 5 个左右，通过大中小学招生的衔接，进到我们学校的学生可以得到专业的教学指导。为了深化帆船教学研究，我继续攻读了博士学位，研究的课

中国海洋大学帆船队合影

题是"基于激光雷达测风数据的路径最优化研究"。经过在学术研究方面的不断学习积累，我希望可以将许主任开拓的奥运蓝图继续延续下去。

引航海上运动

中国海洋大学作为教育部直属学校，为了发挥好在帆船方面的引领作用，我校与教育部大体协共同牵头，联合了厦门大学、大连海事大学等30多个高校，成立了中国大学生体育协会海上运动分会。分会每年会举办一些大学生比赛，通过此举来引领中国的大学生走向深远。

为了普及全民帆船这项运动，我们也有很多想法。比如，我校打算联合厦门大学，开展一南一北的大学生对抗赛，冬季在厦门大学，夏季在青岛。通过多种方式，我校要将海上运动的大旗扛起来。

在"十三五"规划当中，我校的目标是努力把体育系运动训练专业（海上项目），建设成为国家海上体育运动重要的科研基地和高水平人才培养的摇篮。那么，基于这样的定位，我校就可以将我们的专业与国家的人才培养，合理对接起来，进一步彰显我校的教学实力。

常晓峰：1982年出生，中国海洋大学体育系副教授。2008年在全国开设帆船运动与文化课程至今，成立中国海洋大学帆船运动协会（原中国海洋大学海上运动协会），已培养学生上千人，2013年开设帆船运动训练专业课程，著有《帆船运动与文化》一书。

为帆船奋斗

章祥锋

我的执教路

2007 年至 2018 年，我执教青岛帆船队。作为帆船队教练，我希望能够把一腔心血抛洒在帆船运动发展和培养帆船优秀后备人才上，很开心能够连续三届省运会超额完成比赛任务，巩固了青岛帆船在山东省的龙头地位，展现了青岛"帆船之都"的美誉。

自执教以来，我培养出一批又一批帆船冠军，都是来自"帆船运动进校园"活动的学生，在国际、国内多项赛事中均是帆船领域的佼佼者。我曾先后向省级专业队输送 20 多名高水平运动员，并且每年都有培养的品学兼优高水平运动员就读国内知名大学。自 2007 年以来，所带队员和输送队员在各类比赛中均取得优异成绩，获得全国比赛前三名 10 人次，省运会金牌 25 枚，省锦标赛金牌 60 余枚。其中较为突出的有：吕怡晓获得 2013 年世界杯帆船赛青岛站 470 级第四名；刘婉婷获得 2014 年世界杯帆船赛青岛站 470 级第八名；胡晓宇获得第十二届全国运动会帆船比赛 OP 级第三名；张宇晨获得第十二届全国运动会帆船比赛 OP 级第三名；赵焕城和张博文在第十三届全国运动会获得 OP

级第二名等佳绩，培养和输送的大批优秀运动员为国家、省、市争得了荣誉。

永不放弃

一份"信念"，一种坚持

我在青年时期曾是优秀的帆船运动员，多次获得全国帆船锦标赛冠军，怀揣着发扬帆船运动的梦想来到水上中心任职教练员，凭借着将青岛帆船运动发扬光大的信念，始终坚持干一行爱一行，钻一行精一行。恪尽职守，任劳任怨，为按时、保质完成领导交办的任务，完成青少年的训练任务，白天时间不够晚上加班干，用"白加黑""五加二"的负责态度，确保我承担的各项工作都能得到扎实有效的落实。

因为常年带队在外训练，我对家人是有所亏欠的。经常迎酷暑战风浪，头顶烈日每天海上训练 4 小时，等运动员下课后回家已是万家灯火；冬天赴海南冬训 120 天，努力克服夫妻两地分居、孩子年龄小等实际困难，我尽量做到与运动队同吃同住同训练；当母亲病重时，正值省运会赛前训练关键阶段，我只能回青安顿好母亲后，嘱托妻子照顾好家人，立即返回队伍，全身心地投入到训练工作当中，始终把队伍当作自己的家。

2015 年，在原有奥帆中心浮山湾海域风力不够、帆船（板）项目无"三集中"训练条件的情况下，为破解帆船（板）训练场地难题，我协助帆船队总教练沿全市海岸线调研考察场地，南到胶南泊里、北到即墨田横、东到崂山沙子口、西到胶州湾，综合比较自然条件和食宿条件，最终选定即墨鳌山湾海域场地。食宿选择租用港中旅职工宿舍、食堂，切实有效地解决了 24 届省运会周期帆船队训练场地问题。进入 25 届省运会周期，帆船（板）队日常训练仍沿用该场地。

在 14 年的执教生涯中，为抓好项目训练及运动员选材工作，我曾跑遍五市三区 70 多所中学寻找优秀苗子，通过集训进行选拔，充实竞赛队伍；训练中注重知识积累，通过集体培训和个人自学两个主渠道提升业务能力，结合在日常业务和训练中遇到的问题，虚心向领导、同事、有经验的老教练请教、咨询，有重点、有针对性地完善自身知识结构，在培养青少年帆船运动员方面，制定了一套独特的教学方法，也取得了不错的成绩。

"坚守"，精神

我于 2016 年转岗至管理岗位，由于第 24 届省运会青岛队作为东道主参赛，帆船队急需经验丰富的教练员带队。迫于形势，我只能勇挑重担，身兼双职，既带队训练，又兼顾训练科工作。笃定前行，带队超额完成了第 24 届省运会金牌任务，为青岛市帆船项目成绩取得突破贡献了力量。

我在执教训练工作的同时，还要统筹谋划训练科工作，合理调配工作任务，确保科室工作有条不紊进行。在帆船队完成第 24 届省运会比赛任务后，我快速转换角色全心全意投入到训练科工作，积极为中心其他队伍出谋划策，率先垂范，努力做好各项后勤保障工作；经常主动与教练员交流思想，关心教练员，倾听大家的意见和建议，协助单位认真解决教练们在工作和生活方面的困难和问题，充分发挥训练科枢纽作用的实效性。

"责任"，担当

第 25 届省运会期间，我将帆船项目接力棒交接给年轻教练，全身心投入到训练科工作中。面对新周期新使命，我起草制定关于训练工作方面管理制度，做好各项目队伍后勤保障管理工作和外训队伍前站筹备工作。2020年春节前夕，我挂念在海南冬训的帆船队和冲浪队，主动提出陪同中心主任赴海南看望慰问外训人员，与帆船队度过了一个和谐快乐的除夕夜，大年初一又驱车300多公里赴陵水冲浪队给队员带去了节日的问候，并根据疫情发展情况与外训教练们提前研究了驻地防控要求，采购了防疫物品。

疫情防控期间，作为训练科室负责人，我结合工作实际参与制订本单位疫情防控工作实施方案、应急预案、推迟运动员归队应急工作方案、返队复训演练方案等防控制度；根据体育局"日报告、零报告"制度要求，每天认真统计汇总各队伍运动员身体情况，密切关注离青队员、有过身体异样队员的情况并做好一人一档工作；积极通过微信推送、张贴标语等多种形式对各队伍开展疫情防治知识宣传教育；利用居家隔离制作了第25届省运会规程分解图、第24—25届省运会规程对比表、第25届项目设置表、第25届规程重要时间节点表，让教练员更直接地了解新周期规程内容、变化特点、项目设置，为后期队伍布局、运动员交流提供了重要的信息支持。

见义勇为

水上项目因其项目特殊性，需常年在海上训练。长期在海上训练具有一定危险性，我时刻提醒自己将安全生产工作作为训练工作的重中之重，在增强运动员安全意识、培养运动员自救防护能力的同时，我也会参与到海上救援公益活动中。

2017年6月10日，海面风力较大，我在组织队内比赛时发现有7艘大帆船遇险，我在组织教练员们妥善安置好海上训练运动员后，就赶紧返回海上积极对遇险大帆船施救，使用摩托艇顺利将遇险大帆船和船上人员成功营救上岸。在完成施救工作后，我就赶紧返回训练地了，也没有特意宣扬。

坚定信念，继续前行

这么多年走来，我督促自己一定要严于律己，清正廉洁，始终牢记一名共产党员的使命担当，坚持以邓小平理论、"三个代表"重要思想、科学发展观和习近平新时代中国特色社会主义思想为指导，认真学习领会党的十九大和十九届二中、三中、四中全会精神，树牢"四个意识"，坚定"四个自信"，坚决做到"两个维护"，认真落实中央、省委、市委和局党组的决策部署，贯彻执行水上中心党支部工作要求，积极参加水上中心组织的各项政治学习和党建活动，严格遵守党的政治纪律和政治规矩，服从领导安排，在重大问题上头脑清醒，自觉在思想上、政治上、行动上与以习近平同志为核心的党中央保持高度一致，以坚定不移的信念和高度负责的敬业精神，在实际工作中认真学习和实践习近平新时代中国特色社会主义思想，在单位里忠于职守，尊重领导，团结同志。

章祥锋：1981 年出生，曾获全国帆船比赛两次冠军、三次亚军，被授予"山东省新长征突击手"荣誉称号。2007—2018 年执教青岛帆船队，2018 年作为第 24 届省运会帆船帆板项目运行团队教练组成员，获得"2018 年度青岛市青年突击队"称号，现为青岛市水上运动管理中心训练科科长。

往事点滴

兰川军

1980年3月，我入选为山东帆船队运动员。1986年10月，我入职山东帆船队教练员至退休。2002年北京申奥成功，青岛作为合作伙伴，承接了帆船比赛。为了更快、更高、更强地办好奥帆赛，2006年，我开始利用暑假在本市各中小学开展帆船基础培训工作。当时的口号是"千帆竞发2008，青少年帆船运动与奥运同行"。

我们单位（山东省青岛体育训练中心）派遣以刘英昌为总教练的教练队伍，为"帆船运动进校园"培训工作的开展提供了强有力的专业技术支持。最让我们欣慰的是，我们为青岛市"帆船运动进校园"活动所做出的努力。

帆船运动的特点

帆船运动是一项智能与体能相结合的综合运动项目。运动员自身需要具备很好的"见风使舵"的应变能力，同时要具有很强的身体素质。因此，我们在选拔青少年帆船运动员时较侧重于神经类型的条件，身体素质可以通过后天训练很快培养起来。所以说，要培养一名优秀帆船运动员任重而道远，打造"帆船之都"更需要社会各界的力量支持。

帆船教学

教练员在帆船训练中的指导训练起着举足轻重的作用，因为直接影响着运动员的自身发展方向，且直接影响到帆船运动的发展方向。因此，我一直要求自己在执教过程中始终做到"守时、严格、认真"，这是我的责任。

在训练之余，我要求运动员坚持文化课学习。在冬训的期间，运动员每天晚上要学习一小时，以此提高运动员对专项的理解能力，强化坚持"2·2·5"工程——两道数学题、两道物理题、五个英语单词，效果不错。在每天的早操升旗仪式中，我要求运动员要眼望国旗，唱国歌，右手握左胸，"国旗至上，祖国在我心中"，以此培养大家的爱国主义思想。

最幸运的事

在"帆船运动进校园"的培训指导工作中，运动员取得了显而易见的长足进步，青岛市的"帆船之都"名片已更加亮丽。

2012年12月，在青岛市帆船知识电视竞赛活动中，很巧合，我是专家评委，我的女儿是电视转播的主持，我们同台为青岛的帆船运动共同做出了积极的努力，最终圆满顺利地完成了帆船知识竞赛活动。

执教情结

我从1986年执教至2017年退休，最让我体会深刻的是，教练员应该是运动员的引领者。教练员的言谈举止和为人处世的风格，每时每刻都在影响着运动员。因此，教练员必须具有兢兢业业的敬业精神，且具有很强的专业知识与技术经验及风趣幽默的语言魅力。教练员必须不断地学习更多新的专业技术，从而改变陈旧的思维方式，调整适合发展的训练方法，因为任何改正都是进步。只有先育人，才能练好船。

值得铭记的事

在执教生涯中，最让我感到欣慰的赛事是1989年举办的第二届全国青年运动会帆船比赛。这次比赛由我与同事共同参加，我们囊括了全部五枚金牌。

1993年全国青年帆船锦标赛，我们再次囊括全部三枚金牌。

1996年参加香港"昆仑杯"世界帆船大赛，我们获得了第二名的好成绩，这在香港引起了很大的轰动。

1997年，为庆祝香港回归，我驾驶"大连"号帆船，从大连启航至香港维多利亚港。在规定时间内，准时于1997年7月1日12时前到达港口，圆满完成了党和国家交给的"庆回归"的政治任务。我的格言是"鼓翼扬帆，乘风破浪"。

帆船赛事

2000年，我创立了山东省运动会的帆船比赛。我于2000年4月开始，分别在淄博、枣庄、潍坊、济宁等地选招青少年帆船运动员来青岛集训，同年8月在青岛举办首届山东省帆船锦标赛。从此，山东省帆船锦标赛及四年一届的山东省运动会帆船比赛作为重点项目之一延续至今。

兰川军：1957年出生，山东省帆船队原总教练。第五届全运会上获得帆船比赛铜牌，入选国家帆船队备战奥运；转为教练之后，带领青岛帆船队多次获得全国青年帆船锦标赛冠军。

扬帆校园 魅力青岛

王树建

我从 1976 年开始参加工作，1983 年进入国家队，在国家队工作了 21 年，2004 年我离开国家队回到青岛。这期间，我当了 8 年的中国帆船帆板队副领队。

与帆船结缘

1976 年，我开始参加工作，工作项目是海运五项，一干就是五年。当时把我们作为后备民兵来培养，一旦打仗，我们这些民兵经过短期的培训就可以投入战斗了。

改革开放以后，这个项目下马了。所以，我被安排到国家队做后勤工作，主要负责维护器材等工作，之后转为专门负责所有运动员的吃住行等保障工作。

1983 年，我来到国家队，成为中国帆船帆板队副领队。当年 8 月份，队员还在青岛训练。因为考虑到还有更合适的训练海域，我们又北上秦皇岛，冬天又南下海南。我在海南度过了 10 个春节。后来由于海南的风力不能满足国家队的水平需要了，考虑到要选择跟国外比赛场地更接近的海域，我们又转到了福建东山进行训练。

2001年申奥成功后，经过几个城市的激烈角逐，青岛市成为举办奥帆赛的城市，奥帆赛也得到了青岛市的积极支持与参与，政府开始建设奥帆基地，搬迁工厂。于是，因为工作需要，我2004年就回到了青岛。

竞聘上了我们单位的教研室主任后，总局领导跟我说，让我们积极配合政府工作，包括奥帆赛、克利伯环球帆船赛等活动。

"帆船运动进校园"活动

一开始，我们是和德国基尔市一起开展夏令营活动。其实，我们也可以独立开展夏令营活动，但是德国具有培训小孩的丰富经验。

后来，青岛计划开展"帆船运动进校园"活动。由于这个活动规模较大，需要很多帆船，10条8条船是不解决问题的。幸运的是，"帆船运动进校园"活动受到青岛市领导和各部门的赞扬与扶持，全市48家企业赞助购置了1000条OP级、激光级帆船。1300多名孩子投身到帆船运动当中。当时，林主席激动不已，并告诉德国基尔市市长，"我们会有1000条帆船，1000多名孩子参加活动。"基尔市市长根本不相信。第二年，德国他们一行人来到奥帆基地，看到水面上遍布船只，密密麻麻一片。他们感叹道："中国人，做事太厉害了。"说到做到，这令他们十分震惊。德国人看到此景，到处拍照，兴奋得不得了，仿佛是他们第一次看到1000条帆船同时摆在海面上。整个奥帆基地外面海域全是白帆，那场景蔚为壮观。从此，青岛市开启了学校帆船普及的高潮，成为"全国青少年帆船运动普及推广示范城市"。

"帆船运动进校园"活动对山东帆船运动乃至全国帆船运动影响深远，活动的顺利开展为选拔帆船人才提供了前期保障。过去因为没有专业的学校培训课程，我们一般会从学校挑选体育基础好的学生进行专业培训，然后培训后再进行筛选，层层选拔。然而还会出现有的孩子不会游泳的情况，所以说，培训起来相对要花费更多的时间精力。但是，后来随着"帆船运动进校园"活动的开展，中小学的青少年就具备了基本的帆船知识以及驾驶帆船的经验。前期的基础工作由在校老师来完成，这样就大大提高了孩子们的帆船素养。然后我们再通过大大小小的青少年比赛，选拔出可培养的帆船人才，进而进行专业运动员的培训。

中国选手王子弈就是参加过"帆船运动进校园"活动的学生，获得了 OP 级帆船世锦赛冠军的佳绩，为中国的帆船史写下了浓墨重彩的一笔。

优越的硬件与软件条件

一开始，先要组织培训一批帆船教练。那么，帆船人才在青岛还是有优势的。我开始找一些现役、退役的运动员，他们从小经历过 OP 级帆船的训练，所以有良好的基础。然后对学校体育老师分批进行培训，让学校体育老师成为帆船教练。一期班可能 10 天左右，我们一个班接一个班地培训，力度也很大。各级领导都很重视，我们学校的领导也很重视。包括我部门的教练，都是国家级的教练，也参与了整个教学工作，因此，教练队伍得以壮大起来。

不管是培养教练还是小孩，人身安全一直排在第一位。我们对安全措施高度重视。一方面，我们有专业的帆船器材；另一方面，我们借鉴学习了国外先进的安全措施，学校也很积极参与配合，所以"帆船运动进校园"活动才得以顺利开展。

开展帆船运动，还需要配备可停靠的专业码头。当时，专业的码头正在建设中，而我们又急需用码头。于是，我们就让施工队突击修建码头。施工方也很配合，都是为了奥运，人心所向，朝着一个目标进发。

当时，东奥集团负责奥帆基地建设，它是一个总协调单位，具体实施就是体育总会林主席，但是总牵头还是奥帆委。奥帆委每个周一上午都会集体开会，有关部门就会下达任务并规定任务完成时间。所以是多方协作共同推进了"帆船运动进校园"活动的开展。

王树建： 1960 年出生，原中国帆船帆板队副领队。

附录

克利伯环球帆船赛"青岛"号中国籍船员

2005—2006 克利伯环球帆船赛"青岛"号中国籍船员
郭　川

2007—2008 克利伯环球帆船赛"青岛"号中国籍船员
高　君、杜　飞、闫新民

2009—2010 克利伯环球帆船赛"青岛"号中国籍船员
纪桐师、高　君、高　红、孙海洋、张立中、张　锋、
张　能、张严之、王宝琪、李铁娃、杜　飞

2011—2012 克利伯环球帆船赛"青岛"号中国籍船员
宋　坤、曲志国、胡名伟、吴　亮（上海）、王明辉、王焕琳

2013—2014 克利伯环球帆船赛"青岛"号中国籍船员
宋　坤、李　元、王文韬、史俊青、李　珺、陈晓虎、
段文菲、王务崇、孙志凯、刘　军

2015—2016 克利伯环球帆船赛"青岛"号中国籍船员

曾　雪、蔡宁云、迟慎玺、赵　昕、晓　帆、刘庆军、
刘明玥、周　懿、陈　杰、王祥胜、邹仁枫、鞠硕硕、
潘　平、蔡环宇、徐　靖（媒体记者）、范文硕、马应成

2017—2018 克利伯环球帆船赛"青岛"号中国籍船员

王博闻、马　宏、涂　山、赵红梅、孙玉鹏、杨雅麟、
徐　莹、徐　欢、刘辛涛、罗小瑜、李亚奇、田梅虹、
　　徐玉兴、郑　毅、刘静秋、鄂相宏

2019—2020 克利伯环球帆船赛"青岛"号中国籍船员

吕　翔、罗小瑜、周东宁、臧　琨、孙思谋、国旸梓、
张　珊、刘　鑫、麦敏烜、张　宇、王路坤、林　军、
　　　　郑　毅

青岛籍帆船运动员历年成绩

芬兰人级

纪玉盛 1980 年全国锦标赛 冠军

邵先利 1983 年第五届全国运动会 第三名

张　军 1987 年第六届全国运动会帆船比赛 第三名

　　　　1990 年全国锦标赛 冠军

林　松 2000 年全国帆船精英赛 冠军

章祥锋 2002 年全国锦标赛 冠军

　　　　2003 年全国冠军赛 冠军

　　　　2005 年全国第十届运动会帆船 第二名

宫　磊 2003 年全国锦标赛（场地赛、长距离） 双料冠军

任天煜 2005 年第十届全国运动会帆船 第三名

刘　波 2005 年第十届全国运动会 冠军

张　鹏 2009 年第十一届全国运动会 冠军

宫　磊 2013 年第十二届全国运动会 冠军

飞行荷兰人级 （FD）

苏　里、王建斌

1981 年全国锦标赛 冠军

1982 年全国锦标赛 冠军

1983 年全国第五届运动会 第三名

苏　里、于文波

1987 年第六届全国运动会　冠军

1988 年全国锦标赛　冠军

刘　波、陈　凯

1992 年全国帆船锦标赛　冠军

火球级

纪玉盛、李　青

1983 年第五届全国运动会　第二名

1984 年全国锦标赛　冠军

470 级 男子

兰川军、左　勇

1983 年第五届全国运动会　第三名

1984 年全国锦标赛　第二名

张勇强、王　勇

1986 年全国锦标赛　冠军

1987 年全国第六届运动会　冠军

1988 年全国锦标赛　冠军

1989 年全国锦标赛　冠军

1989 年亚洲帆船锦标赛　冠军

1990 年全国锦标赛　冠军

1990 年北京亚运会帆船比赛　第二名

1991 年全国锦标赛 冠军

1992 年全国锦标赛 冠军

1993 年全国锦标赛 冠军

1993 年第七届全国运动会帆船比赛 冠军

1994 年全国锦标赛 冠军

刘　波、纪玉盛

1987 年第六届运动会 第三名

马志成、兰永清

1995 年全国锦标赛 冠军

1997 年第八届全国运动会 第二名

马志成、唐明峰

2001 年全国锦标赛 冠军

2002 年全国冠军赛 冠军

2002 年韩国釜山亚运会 第三名

2003 年全国锦标赛 冠军

2005 年全国锦标赛（场地赛、长距离） 双料冠军

2005 年第十届全国运动会 第三名

唐明峰、倪　伟（上海）

2009 年全国冠军赛 冠军

2009 年全国精英赛 冠军

470 级 女子

杨　弘、石晓英

1989 年 9 月获第五届亚洲锦标赛　冠军

杨　弘、周　青

1993 年第七届全国运动会　第二名

周　青、王　菁

1999 年全国锦标赛"喜多安杯"　冠军

李　雪、于艳丽

2005 年第十届全国运动会　冠军

王晓丽、黄绪峰

2007 年全国锦标赛　冠军

2007 年第一届水上运动大会　冠军

2008 年全国锦标赛长距离　冠军

2009 年全国锦标赛（场地赛、长距离）双料冠军

2009 年第十届全国运动会　冠军

2010 年第二届水上运动大会　团体冠军

2011 年全国锦标赛　冠军

2012 年全国冠军赛　冠军

2012 年迈阿密世界杯帆船赛　第二名

2013 年第十二届全国运动会　冠军

2013 年世界帆船锦标赛　第三名

2013 年全国帆船冠军赛　冠军

王晓丽、高海燕（浙江）

2017 年第十三届全国运动会　第二名

2018 年全国锦标赛（长距离、场地赛）双料冠军

黄绪峰、陈莎莎（浙江）

2017 年第十三届全国运动会　冠军

欧洲级 女子

石晓英　1992 年全国锦标赛　冠军

激光级 男子

曹晓波　1987 年第六届全国运动会　冠军

　　　　1987 年全国锦标赛　冠军

　　　　1990 年全国锦标赛　冠军

　　　　1991 年全国锦标赛　冠军

　　　　1993 年全国锦标赛　冠军

　　　　1994 年全国锦标赛　冠军

　　　　1995 年全国锦标赛　冠军

　　　　1996 年全国锦标赛　冠军

　　　　1997 年全国锦标赛　冠军

　　　　1997 年第八届全国运动会　冠军

　　　　1998 年全国锦标赛　冠军

　　　　2000 年全国锦标赛　冠军

李　伟　1997 年第八届全国运动会　第二名

420 级 男子

王天祥、倪　伟

2009 年全国冠军赛　长距离冠军、场地赛第二名

王天祥、丁铭成

2010 年第二届水上运动大会　冠军

420 级 女子

孙　绮、王　睿

2009 年全国冠军赛　冠军

2010 年全国冠军赛　冠军

OP 级 男子

丛　钢　1984 年全国锦标赛　冠军

马志诚　1988 年全国锦标赛　冠军

　　　　　1989 年全国锦标赛　冠军

青运会及青锦赛

火球级

蔡少勇、邱　勇

1985 年第一届全国青少年运动会　冠军

激光级 男子

杨海青 1989 年第二届全国青少年运动会 冠军
陈晓虎 1993 年全国青年锦标赛 冠军

芬兰人级

林　松 1989 年第二届全国青少年运动会 冠军

470 级 女子

刘湘雯、王　菁
1989 年第二届全国青少年运动会 冠军
杜晓青、周　青
1991 年全国青年锦标赛 冠军
1992 年全国青年锦标赛 冠军
1993 年全国青年锦标赛 冠军

470 级 男子

丛　钢、吕令波
1989 年第二届全国青少年运动会 冠军
马志诚、兰永清
1992 年全国青年锦标赛 冠军
1993 年全国青年锦标赛 冠军
伍海坚、刘　洪
1986 年全国青年锦标赛 冠军

420 级 女子

孙　绮、王　睿

2010 年全国青年锦标赛　冠军

英凌级 女子

李晓妮、于艳丽

2008 年奥运会　第八名

OP 级 男子

马志诚　1989 年第二届全国青少年运动会　冠军

帆板 女子

武雪梅　1989 年全国帆板锦标赛　冠军

　　　　　1994 年全国帆板锦标赛　冠军